確率解析

確率解析

重川一郎

岩波書店

まえがき

本書は確率解析の入門書である．確率解析と呼ばれる分野はやや漠然としているが，ここでは Wiener 過程に基づく解析と大まかに考えておくことにする．それでもそこには確率論の様々な手法が取り入れられ，必然的に確率論の多くの分野と関連することになるが，本書では Malliavin 解析を中心とする無限次元解析に関する話題を中心に扱う．その主な舞台となるのが Wiener 空間である．より正確にいえば，われわれの研究対象は Wiener 空間上の汎関数である．したがって，無限次元の空間上の関数に対して解析を行なわなければならない．有限次元と同じように自由に微積分が実行できないか，ということは自然に考えられる．積分に対しては，われわれは測度論という有効な手段を持っている．微分の理論は，しかし積分ほど発展していなかった．無限次元空間における微分の理論をわれわれはまったく持たないわけではなかったが，それらは積分理論と有機的に結びついたものではなかったのである．

そこに一つの突破口を拓いたのが P. Malliavin である．彼は Hörmander 型の準楕円性の問題に確率論的なアプローチを与えるために，Wiener 空間上のある calculus を提唱した．それはまさしく Wiener 空間上での微分理論の展開であった．彼の理論は偏微分方程式の準楕円性の問題にとどまらず，様々な分野に応用の道を拓いていった．以来，この理論は彼にちなんで Malliavin 解析と呼ばれることが多い．本書はこの Malliavin 解析を中心とした確率解析の紹介を主題としている．基礎的な事柄を，できるだけ丁寧に述べることを心掛けた．半面，叙述が冗長になったことも否めないように思う．

筆者は何年か前に Malliavin 教授を家に招き，話のおもむくままにどういう契機で今日 Malliavin 解析と呼ばれる理論のアイデアを得たのか，と尋ねたことがあった．これに対し，この温厚な老大家はいつもの笑みを絶やすこ

となく，「今何が問題であるのか，次に何をやらねばならないのか，また何ができるのか，そうしたことを常に意識して考えることが重要である」といったような意味のことを言われたことがある．結局，理論出生の秘話を聞き出すことはできなかったのだが，教授の数学にかける意気込みの一端をうかがい知るよい機会にはなった．

本書はその Malliavin 教授の研究態度からすれば，あまりに基礎理論に終始した感が強い．この先何が問題となるのか，というような部分までには至らなかった．そればかりか現在における理論の最前線というところにもまだ少し距離がある．そこに肉薄することは読者自身の手に委ねたい．本書がそのための手助けになればと願っている．

まず何より筆者を確率解析の世界へ導いて下さった恩師である渡辺信三先生に本書を捧げたい．また本書の執筆は京都大学の高橋陽一郎教授におすすめいただいた．日頃の何気ない会話の中で多くの啓発を受けていたが，今回はこのような貴重な機会を与えていただき，深く感謝している．京都大学の日野正訓氏は原稿を通読され多くの誤りを指摘して下さった．最後に出版にあたっては岩波書店の編集部の方にお世話になった．これらの方々に心からお礼を述べたい．

　　1998 年 8 月

重 川 一 郎

追記

本書は岩波講座『現代数学の展開』の 1 分冊として刊行された「確率解析」を単行本化したものである．今回の単行本化に際して，一部訂正を行なった．

　　2008 年 1 月

理論の概要と展望

　本書の目的は Malliavin 解析を中心に，確率解析について解説をすることである．Malliavin 解析の中心的な課題は Wiener 空間上の汎関数の解析である．Wiener 空間は Wiener 過程を実現する空間といってもよい．

　数学的には Wiener 過程と呼ばれるが，一般には Brown 運動と呼ぶほうがなじみが深いだろう．それは 1882 年に植物学者 R. Brown が花粉からの微粒子の不規則な運動を発見したことに端を発している．その後，物理学者などの研究を通じ，厳密な数学的対象として確立したのは N. Wiener である．Wiener 過程の重要性は様々なモデルが Wiener 過程を通じて実現できることによるが，なかでも特に重要なものは伊藤清による確率微分方程式である．生物モデルや，経済モデルなど，具体的なモデルに関連したものが確率微分方程式によって記述できる．確率微分方程式は舟木直久『確率微分方程式』（岩波書店，2005）に詳しいので，そちらを参照してもらうことにするが，本書で対象とするのは，確率微分方程式の解として与えられるような Wiener 過程の汎関数である．

　その汎関数は，Wiener 空間という無限次元の空間に実現される．無限次元空間上の関数を解析するにはどうすればいいか．もちろんまず考えるべきは，有限次元と同じような微積分の可能性だろう．積分に対しては，われわれは測度論という有効な手段を持っている．そもそも確率論は，Kolmogorov 以来，抽象的測度論に基礎をおいて議論を展開してきた．まさに手慣れた道具である．微分の理論は，しかし積分ほど容易ではなかった．もちろん無限次元空間における微分の理論をわれわれはまったく持たないわけではなかった．Wiener 空間は Banach 空間の構造を持つから Fréchet 微分を定義することは可能である．他にももっと一般な微分の定義の試みもあるが，それらは積分理論と有機的に結びついたものではなかったといえる．

1変数の場合は微分は積分の逆演算であったし，多変数の場合も Stokes の定理などは，微分と積分の融合理論である．微分と積分はともに相補的に関連してさらに威力を発揮する．だが，Wiener 空間上にそうした融合理論が現れるのは比較的最近のことなのである．

　1976 年，京都大学数理解析研究所において確率微分方程式の国際シンポジウムが開催された．この報告集において P. Malliavin は Ornstein–Uhlenbeck 作用素に基づく Wiener 空間上の解析を提案し([16])，注目をひいた．この理論はシンポジウムの折に一部話には出たそうだが，明確な形となって現れたのは報告集においてである．もちろん出版に先立ってプレプリントの形で出回っていたわけで，筆者もその形で初めて目にした．Malliavin 解析との付き合いはそのとき以来であり，理論の黎明期から接することができたのは大変幸運であった．ただ，この理論が今日のように大きく成長するであろうことは筆者には予想だにしなかったことである．Malliavin の論文が出るとすぐに池田信行，渡辺信三らはその仕事の重要性を認識し研究を始めた．また，Malliavin 自身親日派でもあることも手伝って度々来日し，日本の研究者に多くの刺激を与えた．そうした契機もあって日本では Malliavin 解析の研究が盛んである．研究者の交流が学問の発展に大きく寄与することの一例である．

　さて，この Malliavin の理論は Ornstein–Uhlenbeck 作用素と呼ばれる 2 階の微分作用素に議論の基礎をおいていた．有限次元の Euclid 空間のラプラシアン(Laplacian)に当たる働きをする．それから今日では平方場作用素(square field operator, ただしフランス語で opérateur de carré du champ と呼ばれることが多い)と呼ばれるものを利用して勾配作用素(gradient operator)をとらえ，解析の基礎に据えた．勾配作用素を考えることは関数の微分を考えることである．Wiener 空間ではこれは H-微分として定式化される．ただし H は Cameron–Martin 空間と呼ばれる．微分はすべての方向を考えるのでなく，もう少し狭い空間 H 方向のみで考え，また導関数を L^p の中で完備化することで拡張する．このように微分を超関数的にとらえることにより，柔軟性のある理論が展開できる．Malliavin 解析が微分の理論と見なされる所

以である．さらに，Malliavin は Wiener 空間において部分積分の公式を定式化し，積分との結びつきを密接にした．アイデア自体は単純であるが，問題意識を持ってこれを認識したことは大きな意義を持つ．

Malliavin 解析では基本的な 2 種類の作用素が現れる：Ornstein–Uhlenbeck 作用素 L と H-微分 D である．それぞれに応じて Sobolev 空間を定義することができるのだが，当然両者は密接に関係しており，実際 L^p ($p>1$) の枠組みでは同値性が証明できる．それが P. A. Meyer の定理([21])であり，この仕事により Malliavin 解析の枠組みがすっきりとしたものになった．Meyer 自身は Malliavin 解析を専門にしているというわけではないが，彼の理論により Wiener 空間における Sobolev 空間論が整備されたのである．Meyer の Malliavin 解析への寄与は大きなものがある．これに関しては第 3 章，第 4 章で議論する．Meyer の定理は現在 2 通りの証明が知られているが，本書では Meyer 自身のアイデアに沿って Littlewood–Paley 理論の枠組みで証明を与える．特にここで与えるのは確率論的な証明で，マルチンゲール理論や伊藤の公式の格好の応用例を与えている．確率解析の有効性を見る一例として，証明は長いのだがここで取り上げた次第である．

無限次元の解析を進めるにあたり，有限次元で行なわれていたことを拡張していくことは自然な発想で，実際いくつかの類似が成立する．以下その対応を列記してみよう．ここでは言葉の厳密な定義は与えない．われわれの枠組みは Wiener 空間であるが，モデルになるのは Euclid 空間 $\mathbb{R}^n$ である．

空間	Euclid 空間	Wiener 空間
測度	Lebesgue 測度 dx	Wiener 測度 μ
確率過程	Brown 運動	Ornstein–Uhlenbeck 過程
生成作用素	Laplace 作用素 $\triangle$	Ornstein–Uhlenbeck 作用素 L
微分作用素	勾配作用素 ∇	H-微分 D
Sobolev 空間	$H^{r,p}=(1-\triangle)^{-r/2}L^p(dx)$	$W^{r,p}=(1-L)^{-r/2}L^p(\mu)$
不等式	Sobolev の不等式	対数 Sobolev 不等式

最後に記した対数 Sobolev 不等式について少し述べておこう．有限次元の空間では，Sobolev の不等式（雑にいって微分可能性が上がれば，可積分性が上がることを保証する不等式）が成立するが，Wiener 空間では微分可能性が上がっても可積分性は log のオーダーでしかよくならない．無限次元ではこれ以上のことは期待できないのであるが，それでもこの不等式は十分に強力である．本書ではその応用についてあまり触れられなかったが，Wiener 空間に限らず無限次元空間ではこの不等式の有用性が最近とみに喧伝されている所以である．第 2 章でその証明を与えた．歴史的には E. Nelson が Ornstein–Uhlenbeck 半群の超縮小性を証明し，それから L. Gross が超縮小性と対数 Sobolev 不等式との同値性を証明したのである．ちなみに H-微分の概念を初めて提出したのは Gross である．彼は Wiener 空間上の調和解析を目指したわけである．Gross は有限次元の Laplace 作用素をそのまま無限次元化しようと試みた．Gross の Laplace 作用素は L^2 の枠組みでは閉作用素ではないので，関数解析的な扱いが困難になる．Gross 自身，彼の理論には満足していなかったようで，後年 Laplace 作用素ではなく，Ornstein–Uhlenbeck 作用素を考えるべきだったと述懐している．それにしても，H-微分のアイデアは彼に帰せられるし，彼の対数 Sobolev 不等式は近年その重要性をますます増してきている．

こうした枠組みで合成関数の微分や部分積分などが Wiener 空間上でも定式化できる．一方 Euclid 空間には Fourier 変換という強力な手段が存在するが Wiener 空間ではその対応物は現段階ではうまく定式化できていない．微分演算が代数演算に置き換わるというような意味での変換は Malliavin 解析の枠内では定義できていない．ただ，Fourier 変換にはいろいろな側面があり，Laplace 作用素のスペクトル分解を与えているという観点からすれば，Ornstein–Uhlenbeck 作用素のスペクトル構造は完全にわかっており，実際，固有空間が重複 Wiener 積分として与えられる．重複 Wiener 積分については §1.2 で論じた．

また，Fourier 変換と関連させて Hilbert 変換を考えれば，その L^p 理論が Wiener 空間では Meyer の不等式に対応する．実際 Meyer の研究は Fourier

解析の流れをくむマルチンゲール理論の発展の中でなされたのである．いずれにしても Fourier 解析などの古典的ともいえる解析の精神はここにも脈々と波打っているのである．

本書の中心部は第 6 章で，Hörmander 型の準楕円性の問題を取り扱う．もともと Malliavin はこの問題を確率論的に議論するために Malliavin 解析の理論を打ち立てたのである．Malliavin の仕事はその後，楠岡成雄，D. Stroock により子細に検討され，精密なものに仕上げられていった．本書では楠岡-Stroock [14]に従ってこの問題を扱う．Malliavin の共分散行列の非退化性の証明を目指して山のように評価を積み重ねていく．そこに読者は解析の醍醐味を見出すであろう．

本書で使う記号

- $\mathbb{N}, \mathbb{Z}, \mathbb{Q}, \mathbb{R}, \mathbb{C}$ でそれぞれ自然数，整数，有理数，実数，複素数の全体を表わす．$\mathbb{Z}_+$ のように + をつけて非負のものを表わす．
- $\forall$ は "任意の"，$\exists$ は "存在して" を意味する．
- 関数空間として $C^n(\mathbb{R}^d)$ 等の記号を使う．これは $\mathbb{R}^d$ 上の C^n 級関数全体を表わす．さらに添字に b をつければ，導関数まで込めてすべて有界な関数，0 をつければ台がコンパクトな関数，+ をつければ非負の関数を表わす．一般に関数は実数値であるが，値の空間を明示するときは，$C^n(\mathbb{R} \to \mathbb{R}^k)$ のように表わす．L^p 空間は $L^p(\mu)$ と測度を書くか，測度が Lebesgue 測度のように明らかな場合は $L^p([0,\infty))$ のように空間を明示する．特に断らなければ実数値であるが，値を明示するときは $L^p(\mu; K)$ のように表わす．
- $\mathbb{R}^d$ の点は $x = (x^1, \cdots, x^d)$ と添字を上につける．関数 f の偏導関数は $\dfrac{\partial f}{\partial x^j}$ かあるいは $\partial_j f$ と表わす．
- δ_{ij} または δ^i_j で Kronecker delta を表わす．
- $a \wedge b$, $a \vee b$ でそれぞれ最小値，最大値を表わす．
- Banach 空間 B とその双対空間 B^* 上の自然な双線形形式を $\langle\ ,\ \rangle$ と記す．必要に応じて ${}_B\langle\ ,\ \rangle_{B^*}$ のように空間を明示する．Hilbert 空間の場合は

内積を $(\ ,\ )$ と記す.空間を明示する場合は $(\ ,\ )_H$ のように表わす.また,ノルムは $|\cdot|$ あるいは $|\cdot|_H$ と表わす.

目　次

まえがき ・・・・・・・・・・・・・・・・・・・・・ v
理論の概要と展望 ・・・・・・・・・・・・・・・・・ vii

第1章　Wiener 空間 ・・・・・・・・・・・・・・ 1

§1.1　Wiener 過程 ・・・・・・・・・・・・・・・・ 1
　（a）　確率積分 ・・・・・・・・・・・・・・・・・ 2
　（b）　伊藤の公式 ・・・・・・・・・・・・・・・・ 4
　（c）　抽象 Wiener 空間 ・・・・・・・・・・・・・ 5
　（d）　Fernique の定理 ・・・・・・・・・・・・・ 11

§1.2　重複 Wiener 積分 ・・・・・・・・・・・・・ 13
　（a）　Hermite 多項式 ・・・・・・・・・・・・・・ 13
　（b）　重複 Wiener 積分 ・・・・・・・・・・・・・ 16
　（c）　重複 Wiener 積分の核表現 ・・・・・・・・・ 17
　（d）　重複 Wiener 積分と確率積分 ・・・・・・・・ 19

要　約 ・・・・・・・・・・・・・・・・・・・・・・ 21

第2章　Ornstein–Uhlenbeck 過程 ・・・・・・・ 23

§2.1　Ornstein–Uhlenbeck 半群 ・・・・・・・・・ 23
　（a）　Ornstein–Uhlenbeck 過程の構成 ・・・・・・ 23
　（b）　Ornstein–Uhlenbeck 過程の連続性 ・・・・・ 24
　（c）　不変測度 ・・・・・・・・・・・・・・・・・ 20
　（d）　Ornstein–Uhlenbeck 半群 ・・・・・・・・・ 26
　（e）　各種の微分 ・・・・・・・・・・・・・・・・ 28
　（f）　L の固有関数 ・・・・・・・・・・・・・・・ 31

§2.2　超縮小性と対数 Sobolev 不等式 ・・・・・・・ 33
　（a）　超縮小性 ・・・・・・・・・・・・・・・・・ 33

- (b) 対数 Sobolev 不等式 ･････････････････････ 36
- (c) 従属操作 ･･････････････････････････････ 40
- (d) 乗法作用素 ････････････････････････････ 42

要　約 ･･････････････････････････････････････ 49

第3章　Littlewood–Paley–Stein の不等式 ･･･ 51

§3.1　基本的な不等式 ････････････････････････ 51
- (a) Burkholder の不等式 ･･･････････････････ 51
- (b) 最大エルゴード不等式 ･･･････････････････ 58

§3.2　Littlewood–Paley–Stein の不等式 ･･････ 61
- (a) Littlewood–Paley の G-関数 ････････････ 61
- (b) Littlewood–Paley–Stein の不等式 ･･･････ 62
- (c) $p=2$ の場合(スペクトル分解を用いて) ････ 63
- (d) 有限次元 Ornstein–Uhlenbeck 過程
  ── 確率微分方程式による構成 ･･･････････ 65
- (e) 補助的な Brown 運動 ･･･････････････････ 66
- (f) Brown 運動の到達時刻 ･･････････････････ 67
- (g) マルチンゲールの導入 ･･･････････････････ 71
- (h) 条件付平均値の計算 ････････････････････ 73
- (i) $1<p\leqq 2$ の場合 ･････････････････････････ 76
- (j) $p\geqq 2$ の場合 ･･････････････････････････ 78
- (k) 下からの評価 ･･････････････････････････ 81

要　約 ･･････････････････････････････････････ 83

第4章　抽象 Wiener 空間上の Sobolev 空間 ･･･ 85

§4.1　ノルムの同値性 ････････････････････････ 85
- (a) D と他の作用素との交換関係 ･････････････ 86
- (b) $\sqrt{\alpha-L}^{-1}$ の構成 ･･･････････････････････ 88
- (c) ノルムの同値性 ････････････････････････ 89

§4.2　Sobolev 空間 $W^{r,p}(K)$ ････････････････ 92
- (a) Sobolev 空間の定義 ････････････････････ 92

	(b)	モーメント不等式 ・・・・・・・・・・・・	96
	(c)	$W^{r,p}(K)$ の双対空間 ・・・・・・・・・	100
	(d)	D の連続性 ・・・・・・・・・・・・・・	101
	(e)	D の双対作用素 ・・・・・・・・・・・・	103
	(f)	作用素の連続性 ・・・・・・・・・・・・・	105
	(g)	Sobolev 空間のもう一つの定義 ・・・・・	107
要 約 ・・・・・・・・・・・・・・・・・・・・・・・・			109

第5章 分布の絶対連続性と密度関数の滑らかさ　　111

§5.1　分布の絶対連続性，滑らかさ ・・・・・・・・・　111
（a）Sobolev の不等式 ・・・・・・・・・・・・・・　111
（b）$\mathbb{R}^N$ 上の関数の滑らかさ ・・・・・・・・・・　114

§5.2　Wiener 汎関数の定める分布の滑らかさ ・・・　116
（a）Wiener 汎関数の分布の滑らかさ ・・・・・・・　116
（b）Wiener 汎関数の非退化性 ・・・・・・・・・・　117

要　　約 ・・・・・・・・・・・・・・・・・・・・・・　124

第6章 確率微分方程式への応用 ・・・・・・・・　125

§6.1　確率微分方程式 ・・・・・・・・・・・・・・・　125
（a）確率積分 ・・・・・・・・・・・・・・・・・・　125
（b）確率積分の微分 ・・・・・・・・・・・・・・・　127
（c）確率微分方程式 ・・・・・・・・・・・・・・・　132
（d）Stratonovich 対称確率積分 ・・・・・・・・・　145
（e）基本解の滑らかさ（非退化な場合） ・・・・・・　150

§6.2　退化した確率微分方程式 ・・・・・・・・・・　156
（a）確率 Taylor 展開 ・・・・・・・・・・・・・・　157
（b）重複 Wiener 積分に対する評価 ・・・・・・・・　160
（c）基本解の滑らかさ（退化した場合） ・・・・・・　167

§6.3　基本的な評価 ・・・・・・・・・・・・・・・・　171

要　　約 ・・・・・・・・・・・・・・・・・・・・・・　179

今後の方向と課題 ・・・・・・・・・・・・・・・・・ *181*
参考文献 ・・・・・・・・・・・・・・・・・・・・・ *187*
索　引 ・・・・・・・・・・・・・・・・・・・・・・ *191*

1

Wiener 空間

Brown 運動の基本的なことを述べる．特に連続な道の空間上の Gauss 測度としての構造を調べる．ずらしに関する絶対連続性が基本的である．

§1.1 Wiener 過程

Wiener 過程についてはよく知られているので，ここではあとで必要な範囲で基本的なことだけ述べる．証明にはほとんど触れない．詳しくは『確率微分方程式』(舟木[5])を参照のこと．なお上記の本の内容は以後断りなく使う．

まず大前提として確率空間 $(\Omega, \mathcal{F}, P)$ が与えられているとする．Ω は根元事象の集まりで，$\mathcal{F}$ は σ-加法族，P は確率測度である．以下，確率変数や確率過程(時間パラメータ t を持つ確率変数の族)はすべて Ω 上で定義されている $\mathcal{F}$-可測関数のことである．X を確率変数とするとき $X(\omega)$ と変数 $\omega \in \Omega$ を書くべきであるが，慣習に従い省略することが多い．また，確率過程 (X_t) に対して，ω を固定して $t \mapsto X_t(\omega)$ のことを**道**(標本路)と呼ぶ．

定義 1.1 $\mathbb{R}^d$ 上の確率過程 $(X_t)_{t \geq 0} = (X_t^1, \cdots, X_t^d)_{t \geq 0}$ が次の条件を満たすとき **Wiener 過程**(Wiener process)と呼ぶ．また **Brown 運動**(Brownian motion)と呼ばれることもある．

（ⅰ） 連続性:

$X_0 = 0$ で (X_t) は連続な道を持つ.

（ii） 独立増分性：

$0 < t_1 < t_2 < \cdots < t_n$ に対し，$X_{t_1}, X_{t_2}-X_{t_1}, \cdots, X_{t_n}-X_{t_{n-1}}$ は互いに独立.

（iii） 定常増分性：

任意の $s > 0$ に対し，$(X_{t+s}-X_s)_t$ の分布は $(X_t)_t$ と等しい.

（iv） Gauss 分布：

(X_t) は平均 0, 共分散 tI_d (I_d は d 次単位行列) の Gauss 分布を持つ. 特性関数で表わせば

$$E[\exp(\sqrt{-1}\xi \cdot X_t)] = \exp\left\{-\frac{t}{2}|\xi|^2\right\}$$

が成立している. E は積分を表わす. □

上の定義では出発点を 0 としたが，$(x+X_t)$ を考えれば，任意の点 x から出発させることができる. 以下では常に 0 から出発するものとする. また上の条件(iv)は平均と定数倍を除けば他の条件から従うことが知られている.

さて，道の連続性により，Wiener 過程 (X_t) は連続な道の空間 $C_0([0,\infty) \to \mathbb{R}^d)$ に測度（像測度）を定める. ここに

$$C_0([0,\infty) \to \mathbb{R}^d) = \{w : [0,\infty) \to \mathbb{R}^d \,;\, w \text{ は連続で } w_0 = 0\}.$$

ここでの添字 0 は出発点を表わす. この $C_0([0,\infty) \to \mathbb{R}^d)$ 上の測度を **Wiener 測度**と呼び，μ で表わすことにする. $C_0([0,\infty) \to \mathbb{R}^d)$ の元を w で表わす. したがって，μ の下で，(w_t) は Wiener 過程となっている. これを**標準的な実現**と呼ぶが，以下では Wiener 過程はこのように標準的に実現されたものとして扱っていく. また，測度と組にして $(C_0([0,\infty) \to \mathbb{R}^d), \mu)$ を **Wiener 空間**(Wiener space)と呼ぶ.

（a） 確率積分

Wiener 過程に対しては確率積分が定義されているので，それについても簡単に触れておく.

$(C_0([0,T] \to \mathbb{R}^d), \mu)$ を Wiener 空間とする. $\mathcal{F}$ で Borel σ-加法族，時刻 t までで張られる σ-加法族を

$$\mathcal{F}_t = \sigma\{w_u\,;\,u \leqq t\}$$

とする.右辺は確率変数族 $w_u, u\leqq t$ で生成される σ-加法族を意味する.

しばらく正数 $T>0$ を1つ固定しておく.$T=\infty$ でもかまわない.$T=\infty$ のときは $[0,T]$ は $[0,\infty)$ を意味するものとする.いま可測関数 $\Psi\colon [0,T]\times C_0([0,T]\to \mathbb{R}^d)\to \mathbb{R}$ が与えられたとする.Ψ は $t\in[0,T]$ でパラメータ付けられた確率変数の族 $\Psi=(\Psi(t)\,;\,t\in[0,T])$ と見なせる.任意の t に対し $\Psi(t)$ が $\mathcal{F}_t$-可測であるとき,Ψ は $(\mathcal{F}_t)$-**適合**であるという.さて,$(\mathcal{F}_t)$-適合な関数の d 個の組 $\Phi=(\Phi_1,\cdots,\Phi_d)$ で

$$(1.1) \qquad |\Phi|_{\mathcal{L}^2(w)} = E\Big[\int_0^T |\Phi(t)|^2 dt\Big]^{1/2} < \infty$$

を満たすもの全体を $\mathcal{L}^2(w)$ と書くことにする.ここで $|\cdot|$ は Euclid ノルムを表わす:$|\Phi(t)|^2 = \sum_{\alpha=1}^d \Phi_\alpha^2(t)$.$\Phi\in\mathcal{L}^2(w)$ に対し,Wiener 過程 (w_t) による**確率積分**(stochastic integral)$I(\Phi)$ が次のように定義できる.

$$(1.2) \qquad I(\Phi) = \sum_{\alpha=1}^d \int_0^T \Phi_\alpha(t) dw_t^\alpha.$$

上の確率積分は Euclid 内積 $\cdot$ を用いて

$$\int_0^T \Phi(t)\cdot dw_t$$

のように簡単に表わすことにする.Φ が階段関数のとき,すなわち分割 $0=t_0<t_1<\cdots<t_N=T$ が存在し,$[t_j,t_{j+1})$ 上で Φ が定数のときは,

$$(1.3) \qquad I(\Phi) = \sum_{j=0}^{N-1} \Phi(t_j)\cdot(w_{t_{j+1}}-w_{t_j})$$

で定義される.一般の場合は極限をとることになる(詳細は舟木[5]).特に重要なことは $I(\Phi)$ が連続マルチンゲールになることである.

あとで必要になる範囲で**連続マルチンゲール**に関する基本的な事項も述べておく.連続マルチンゲールといっても,正確には局所 2 乗可積分な連続マルチンゲールを扱う.ここに (M_t) が**局所 2 乗可積分連続マルチンゲール**であるとは,適当な有限停止時刻の増大列 $\{\sigma_n\}$ が存在し,$(M_{\sigma_n\wedge t})$ が 2 乗可積分連続マルチンゲールであることをいう.この本で扱うのは連続なマルチ

ンゲールのみである．本書に出てくる確率過程は，特に断らなければ連続であるとする．またマルチンゲールに対していえば，ここで扱うマルチンゲールはWiener過程の確率積分として定まるマルチンゲールのみである．したがって実際はあまり高度なマルチンゲールの一般論は必要としない．また，局所2乗可積分な連続マルチンゲールを単に**局所マルチンゲール**(local martingale)と呼ぶことにする．

2つの局所マルチンゲール (M_t), (N_t) に対し2次変分 $(\langle M,N\rangle_t)$ が定義されるが，どちらかが有界変動の連続な確率過程のときは，
$$\langle M,N\rangle_t = 0$$
と定義する．局所マルチンゲールと有界変動な確率過程の和として表わされるものを**半マルチンゲール**(semi-martingale)と呼ぶ．繰り返すが，確率過程は連続なものだけを扱うから，局所マルチンゲールも有界変動過程も連続である．2次変分も上の規約に従って半マルチンゲールに対して定義する．

(b)　伊藤の公式

$(Z_t) = (Z_t^1, \cdots, Z_t^N)$ を $\mathbb{R}^N$-値半マルチンゲールとする．すなわち各成分ごとに半マルチンゲールとする．すると $f \in C^2(\mathbb{R}^N)$ に対し，**伊藤の公式**と呼ばれる次の等式が成立する([5]定理4.6)．

(1.4)
$$f(Z_t) = f(Z_0) + \sum_{j=1}^N \int_0^t \partial_j f(Z_s) dZ_s^j + \sum_{j,k=1}^N \int_0^t \frac{1}{2}\partial_j\partial_k f(Z_s) d\langle Z^j, Z^k\rangle_s.$$

ここで f の2階の導関数が現れることが特徴的である．この公式は，次のように形式的なTaylor展開

$$f(Z_t + dZ_t) = f(Z_t) + \sum_{j=1}^N \partial_j f(Z_t) dZ_t^j + \sum_{j,k=1}^N \frac{1}{2}\partial_j\partial_k f(Z_t) dZ_t^j dZ_t^k + \cdots$$

において3階以上を0, $dZ_t^j dZ_t^k$ を $d\langle Z^j, Z^k\rangle_t$ としたものに等しくなっている．このことに鑑み，以下では場合によっては $d\langle Z^j, Z^k\rangle_t$ のかわりに $dZ_t^j dZ_t^k$ や $\langle dZ_t^j, dZ_t^k\rangle$ という記法も使うことにする．

また $C_0([0,\infty) \to \mathbb{R}^d)$ はBanach空間にならないので，適当な正数 $T>0$ を

とり，$[0,T]$ 上で考える．そしてノルムを通常の一様ノルム
$$\|w\| = \sup\{|w_t|\,;\,0 \leq t \leq T\}$$
で与えて，$C_0([0,T]\to\mathbb{R}^d)$ に Banach 空間としての構造を付加して議論を進める．Wiener 過程は，応用上 $t \in [0,\infty)$ に対して定義されている方が便利なことが多いが，任意の T に対して議論しておけば十分だから，有限区間で考える．

そこで，Banach 空間 B を $C_0([0,T]\to\mathbb{R}^d)$ ととれば，その上に Wiener 測度 μ が与えられたことになる．σ-加法族は**位相的 σ-加法族** $\mathcal{B}(B)$ をとる．ここに $\mathcal{B}(B)$ は開集合を含む最小の σ-加法族である．$\mathcal{B}(X)$ はまた Borel σ-加法族とも呼ばれる．

μ の性質を，関数解析的な観点から見直していこう．

(w_t) は **Gauss** 過程である．すなわち，任意の $\xi_1,\cdots,\xi_n \in \mathbb{R}^d$, $t_1,\cdots,t_n \in [0,T]$ に対し

$$(1.5) \qquad \sum_{i=1}^{n} \xi_i \cdot w_{t_i}$$

は Gauss 分布を持つ．さらに $\varphi \in B^*$ は(1.5)の形の汎弱極限で表わされるから，$\langle w,\varphi \rangle$ は再び Gauss 分布を持つ．Banach 空間上の測度がこうした性質を持つとき，この測度は **Gauss 測度**と呼ばれる．この Gauss 測度は平均 0 であるから，あと共分散が決まれば測度が確定する．共分散の表示を求めよう．$\varphi,\psi \in B^*$ に対し

$$(1.6) \qquad V(\varphi,\psi) = \int_B \langle w,\varphi \rangle \langle w,\psi \rangle \mu(dw)$$

とおく．

(c) 抽象 Wiener 空間

まず，Wiener 過程に対しては，確率積分が定義されていたことを思い出そう．そこで $f = (f_1,\cdots,f_d) \in L^2([0,T];\mathbb{R}^d)$ に対しての確率積分を

$$(1.7) \qquad I(f) = \int_0^T f(t)\cdot dw_t = \sum_{i=1}^{d} \int_0^T f_i(t)dw_t^i$$

とする．この場合は f はランダムではないから，**Wiener 積分**(Wiener integral)と呼ばれる．$I(f)$ は平均 0，分散 $\int_0^T |f(t)|^2 dt$ の Gauss 分布に従う．この表示を用いて共分散を求めることができる．

B^* が $(0,T]$ 上の全変動が有界な符号付測度全体と一致することは，Riesz の表現定理としてよく知られている．そこで，φ を B^* の元，$f_\varphi \colon [0,\infty) \to \mathbb{R}$ を

$$f_\varphi(t) = \int_{(0,t]} \nu_\varphi(ds)$$

で定める．ここに ν_φ は φ に対応する $(0,T]$ 上の符号付測度である(ν_φ は $\mathbb{R}^d$ に値をとるから正確には d 個の組である)．f_φ は有界変動であるから，伊藤の公式を適用して

$$f_\varphi(T) \cdot w(T) = \int_0^T w_s \cdot \nu_\varphi(ds) + \int_0^T f_\varphi(s) \cdot dw_s$$

を得る．右辺はもちろん確率積分である．これから

(1.8) $$\langle w, \varphi \rangle = \int_0^T (f_\varphi(T) - f_\varphi(t)) \cdot dw(t)$$

が従う．そこで後の対応を考えて

(1.9) $$h_\varphi(t) = \int_0^t (f_\varphi(T) - f_\varphi(s)) ds$$

とおくと，結局

(1.10) $$\langle w, \varphi \rangle = \int_0^T \dot{h}_\varphi(t) \cdot dw_t$$

が従う．ただし $\dot{h}_\varphi$ は h_φ の微分を表わす．

以上のことを踏まえて，Hilbert 空間 H を

(1.11) $$H = \{h \in B \,;\, h \text{ は絶対連続で } \dot{h} \in L^2([0,T]; \mathbb{R}^d)\}$$

で定める．内積は

(1.12) $$(h, k)_H = \int_0^T \dot{h}(s) \cdot \dot{k}(s) ds$$

で与える．この Hilbert 空間は **Cameron–Martin 空間**と呼ばれる．(1.9)

で定まる B^* から H への写像を ι^* と表わす．こう書く理由は，自然な埋め込み $\iota: H \to B$ の双対作用素が，ちょうど ι^* になっているからである．実際，双対性を見るには，

$$\begin{aligned}
{}_B\langle \iota h, \varphi\rangle_{B^*} &= \int_0^T h(s) \cdot \nu_\varphi(ds) \\
&= \int_0^T h(s) \cdot df_\varphi(s) \\
&= h(T) \cdot f_\varphi(T) - \int_0^T \dot{h}(s) \cdot f_\varphi(s) ds \quad (\because 部分積分) \\
&= \int_0^T \dot{h}(s) \cdot (f_\varphi(T) - f_\varphi(s)) ds \\
&= \int_0^T \dot{h}(s) \cdot \dot{h}_\varphi(s) ds \\
&= (h, h_\varphi)_H \\
&= (h, \iota^*\varphi)_H
\end{aligned}$$

に注意すればよい．双対性からいえば，ι^* は Riesz の同型 $H \cong H^*$ を通して B^* から H^* への写像と見る方が自然である．以下 ι^* によって $B^* \subset H^*$ と見る．繁雑な場合は ι^* を書かないで省略する．ι についても $H \subset B$ だから場合に応じて省略する．

以上で三つ組 (B, H, μ) は

(1.13) $$\int_B \exp\{\sqrt{-1}\langle w, \varphi\rangle\} d\mu(w) = \exp\left\{-\frac{1}{2}|\varphi|_{H^*}^2\right\}$$

を満たすことがわかった．実は，この関係式を満たす三つ組は抽象 Wiener 空間と呼ばれる．念のため，抽象 Wiener 空間の定義を与えておこう．

定義 1.2 B を可分 Banach 空間，H を B に連続かつ稠密に埋め込まれた可分 Hilbert 空間，μ を B 上の Gauss 測度で，

(1.14)
$$\int_B \exp\{\sqrt{-1}\langle w, \varphi\rangle\} d\mu(w) = \exp\left\{-\frac{1}{2}|\varphi|_{H^*}^2\right\}, \quad \forall \varphi \in B^* \subseteq H^*$$

を満たすときに，三つ組 (B, H, μ) を**抽象 Wiener 空間**と呼ぶ．また，H を

再生核 Hilbert 空間と呼ぶ. □

したがって，Wiener 空間は抽象 Wiener 空間であることが示せたことになる．もちろん，歴史的には Wiener 空間の概念が Wiener によって先に確立され，それを一般化する形で，抽象 Wiener 空間が 1965 年に L. Gross によって導入されたのである．

一般に (B,H,μ) を抽象 Wiener 空間とする．このとき B^* の元は B 上の可測関数で，Gauss 分布を持つから，2 乗可積分で $L^2(\mu)$ の元である．しかも

$$(1.15) \qquad \int_B \langle w, \varphi \rangle^2 d\mu(w) = |\iota^*\varphi|_{H^*}^2.$$

であるから，埋め込み $\iota^*: B^* \to H^*$ で B^* を H^* の部分集合と見ているので，上の対応は H^* から $L^2(\mu)$ の中への等距離同型を与える．これを $I_1: H^* \to L^2(\mu)$ と書き，**1 次の Wiener 積分**と呼ぶ．

また，I_1 による像を $\mathcal{H}_1$ と書く．Wiener 空間の場合は，

$$(1.16) \qquad I_1(h^*) = \int_0^T \dot{h}(s) \cdot dw_s$$

で与えられる．ここで Riesz の同型 $H^* \cong H$ により $h^* \in H^*$ に対応する H の元を h と書いた．この記法 I_1 は慣用とは多少食い違うが，抽象 Wiener 空間としての構造に対応させるために，この記法を使っていくことにする．

(B,H,μ) を抽象 Wiener 空間として μ の性質をもう少し調べておこう．まず μ を平行移動した場合に μ との絶対連続性に対して次の Cameron–Martin の定理が得られる．後ほど微分を定義するときに H 方向だけを考えるが，そのことの根拠となるのがこの定理である．ずらしを考えるときは絶対連続になる方向だけを考えるのが自然であろう．

定理 1.3 $h \in H$ に対し，測度 $\mu(\cdot - h)$ は μ と互いに絶対連続で，同型 $H \cong H^*$ によって h に対応する H^* の元を $\hat{h}$ と書けば，Radon–Nikodým 導関数は次で与えられる：

$$(1.17) \qquad \frac{d\mu(\cdot - h)}{d\mu}(x) = \exp\left\{-\frac{1}{2}|h|_H^2 + I_1(\hat{h})(x)\right\}, \quad x \in B.$$

ただし，I_1 は同型 $H^* \cong \mathcal{H}_1$ を与える写像である．

[証明] 次のことを証明すればよい：任意の $\varphi \in B^*$ に対し，

(1.18)
$$\int_B e^{\sqrt{-1}\langle x,\varphi\rangle} \exp\Big\{-\frac{1}{2}|h|_H^2 + I_1(\hat{h})(x)\Big\}\mu(dx) = \int_B e^{\sqrt{-1}\langle x+h,\varphi\rangle}\mu(dx).$$

特性関数から測度が一意的に決まることに注意すれば，このことから

$$\mu(\cdot - h) = \exp\Big\{-\frac{1}{2}|h|_H^2 + I_1(\hat{h})\Big\}\mu(\cdot)$$

が従うからである．(1.18)を示すには，$(\langle x,\varphi\rangle, I_1(\hat{h})(x))$ が2次元Gauss分布であることに注意すればよい．平均と共分散がわかればよいが，平均は 0 である．共分散を計算しよう．まず

$$\int_B \langle x,\varphi\rangle^2 \mu(dx) = |\iota^*\varphi|_{H^*}^2$$

$$\int_B I_1(\hat{h})(x)^2 \mu(dx) = |I_1(\hat{h})|_{\mathcal{H}_1}^2 = |h|_H^2$$

は明らか．また

$$\begin{aligned}\int_B I_1(\hat{h})(x)\langle x,\varphi\rangle \mu(dx) &= (\hat{h}, \iota^*\varphi)_{H^*} \\ &= {}_H\langle h, \iota^*\varphi\rangle_{H^*} \\ &= {}_B\langle \iota h, \varphi\rangle_{B^*} \\ &= \langle h, \varphi\rangle.\end{aligned}$$

したがって分布がわかっているので，簡単な計算で(1.18)を得る． ∎

例題1.4 (1.18)を示せ．

[解] $(\langle x,\varphi\rangle, I_1(\hat{h}))$ は共分散行列 $V = \begin{pmatrix} |\varphi|_{H^*}^2 & \langle h,\varphi\rangle \\ \langle h,\varphi\rangle & |h|_H^2 \end{pmatrix}$ であるから，特性関数は

$$\begin{aligned}&\int_B \exp\{\sqrt{-1}\xi_1\langle x,\varphi\rangle + \sqrt{-1}\xi_2 I_1(\hat{h})(x)\}\mu(dx) \\ &= \exp\Big\{-\frac{1}{2}(V\xi,\xi)\Big\} \\ &= \exp\Big\{-\frac{1}{2}|\varphi|_{H^*}^2\xi_1^2 - \langle h,\varphi\rangle\xi_1\xi_2 - \frac{1}{2}|h|_H^2\xi_2^2\Big\},\quad \forall(\xi_1,\xi_2)\in\mathbb{R}^2\end{aligned}$$

で与えられる．Gauss 分布に関して指数関数は可積分であるから，左辺は $(\xi_1, \xi_2) \in \mathbb{C}^2$ に対しても意味を持ち，正則関数となる．よって拡張の一意性から，上式は $\xi_1 = 1$, $\xi_2 = -\sqrt{-1}$ として成立．よって

$$\int_B \exp\{\sqrt{-1}\langle x,\varphi\rangle + I_1(\hat{h})(x)\}\mu(dx)$$
$$= \exp\Big\{-\frac{1}{2}|\varphi|_{H^*}^2 + \sqrt{-1}\langle h,\varphi\rangle + \frac{1}{2}|h|_H^2\Big\}$$
$$= \exp\Big\{\frac{1}{2}|h|_H^2\Big\}\int_B \exp\{\sqrt{-1}\langle x,\varphi\rangle + \sqrt{-1}\langle h,\varphi\rangle\}\mu(dx).$$

これが示すべき式であった． ∎

定理 1.3 は H 方向へのずらしに関して絶対連続であるといっているが，それ以外では特異になる．

例題 1.5 $y \in B \setminus H$ のとき $\mu_y = \mu(\cdot - y)$ と μ とは特異であることを示せ．

[解] まず
$$\mu_y = \alpha + \sigma, \quad \alpha \prec \mu,\ \sigma \perp \mu$$
と分解する(つまり α は絶対連続部分，σ は特異部分である)．示すべきことは，$\alpha = 0$ である．

$$\int_{\mathbb{R}} \hat{\mu}_y(t\varphi)\frac{1}{\sqrt{2\pi}}e^{-t^2/2}dt$$
$$= \int_B \Big\{\int_{\mathbb{R}} \exp\{\sqrt{-1}\langle x,t\varphi\rangle\}\frac{1}{\sqrt{2\pi}}e^{-t^2/2}dt\Big\}\mu_y(dx)$$
$$= \int_B \exp\Big\{-\frac{1}{2}\langle x,\varphi\rangle^2\Big\}\mu_y(dx)$$
$$\geqq \int_B \exp\Big\{-\frac{1}{2}\langle x,\varphi\rangle^2\Big\}\alpha(dx).$$

一方，
$$\int_{\mathbb{R}} \hat{\mu}_y(t\varphi)\frac{1}{\sqrt{2\pi}}e^{-t^2/2}dt = \int_{\mathbb{R}}\Big\{\int_B \exp\{\sqrt{-1}\langle x+y,t\varphi\rangle\}\mu(dx)\Big\}\frac{1}{\sqrt{2\pi}}e^{-t^2/2}dt$$
$$= \int_{\mathbb{R}} \exp\Big\{\sqrt{-1}\,t\langle y,\varphi\rangle - \frac{t^2}{2}|\varphi|_{H^*}^2\Big\}\frac{1}{\sqrt{2\pi}}e^{-t^2/2}dt$$

$$= \frac{1}{\sqrt{|\varphi|_{H^*}^2+1}} \exp\Big\{-\frac{\langle y,\varphi\rangle^2}{2(|\varphi|_{H^*}^2+1)}\Big\}.$$

つまり

(1.19)
$$\frac{1}{\sqrt{|\varphi|_{H^*}^2+1}} \exp\Big\{-\frac{\langle y,\varphi\rangle^2}{2(|\varphi|_{H^*}^2+1)}\Big\} \geq \int_B \exp\Big\{-\frac{1}{2}\langle x,\varphi\rangle^2\Big\}\alpha(dx).$$

ここで $y \notin H$ だから $\sup\{|\langle y,\varphi\rangle|; \varphi \in B^*, |\varphi|_{H^*}=1\} = \infty$ である. そこで列 $\{\varphi_n\} \subseteq B^*$ を $|\varphi_n|_{H^*}=1$, $|\langle y,\varphi_n\rangle| \to \infty$ となるようにとる. さらに $\psi_n = \varphi_n/\sqrt{|\langle y,\varphi_n\rangle|}$ とおけば関数列 $\{\langle \cdot,\psi_n\rangle\}$ は $L^2(B,\mu)$ において 0 に収束する. 必要ならば部分列をとることにより μ-a.e. で収束するとしてよい. $\alpha \prec \mu$ だから

$$\langle \cdot,\psi_n\rangle \to 0 \quad \alpha\text{-a.e.}$$

が成立する. そこで

$$\frac{1}{\sqrt{|\psi_n|_{H^*}^2+1}} \exp\Big\{-\frac{\langle y,\psi_n\rangle^2}{2(|\psi_n|_{H^*}^2+1)}\Big\} \geq \int_B \exp\Big\{-\frac{1}{2}\langle x,\psi_n\rangle^2\Big\}\alpha(dx)$$

に対し, $n \to \infty$ のとき, 左辺は 0 に収束し, 右辺は Lebesgue の有界収束定理から $\int_B \alpha(dx)$ に収束する. ゆえに $\alpha=0$ である. ∎

(d) Fernique の定理

最後に, Wiener 測度 μ の可積分性に対する **Fernique の定理**を示しておく.

定理 1.6 B 上の任意の連続セミノルム p に対し, ある正数 $\alpha = \alpha_p$ が存在し

$$\int_B e^{\alpha p(x)^2} \mu(dx) < \infty.$$

[証明] X, Y を適当な確率空間 $(\Omega, \mathcal{F}, P)$ 上の B-値確率変数で, 独立かつ分布はともに μ に従うものとする. このとき $(X+Y)/\sqrt{2}$, $(X-Y)/\sqrt{2}$ もまた独立で, 分布は μ である. そこで $t > s \geq 0$ のとき

$$P[p(X) \leqq s]\, P[p(X) > t] = P\Big[\frac{p(X-Y)}{\sqrt{2}} \leqq s\Big]\, P\Big[\frac{p(X+Y)}{\sqrt{2}} > t\Big]$$
$$= P\Big[\frac{p(X-Y)}{\sqrt{2}} \leqq s,\ \frac{p(X+Y)}{\sqrt{2}} > t\Big]$$
$$\leqq P[\,|p(X)-p(Y)| \leqq \sqrt{2}s,\ p(X)+p(Y) > \sqrt{2}t\,]$$
$$\leqq P\Big[p(X) > \frac{t-s}{\sqrt{2}},\ p(Y) > \frac{t-s}{\sqrt{2}}\Big].$$

ここで，$\mathbb{R}^2$ において
$$\{(x,y) \in \mathbb{R}^2\,;\, |x-y| \leqq \sqrt{2}s,\ x+y > \sqrt{2}t\}$$
$$\subseteq \Big\{(x,y) \in \mathbb{R}^2\,;\, x > \frac{t-s}{\sqrt{2}},\ y > \frac{t-s}{\sqrt{2}}\Big\}$$

が成立することを用いた．したがって，

(1.20) $\qquad P[p(X) \leqq s]\, P[p(X) > t] \leqq P\Big[p(X) > \frac{t-s}{\sqrt{2}}\Big]^2.$

次に $s > 0$ を固定して，数列 $\{t_n\}$ を帰納的に次で定める：
$$t_0 = s,\quad t_{n+1} = s + \sqrt{2}\,t_n \quad (n \geqq 0).$$
明らかに
$$t_n = (1+\sqrt{2}+\cdots+\sqrt{2}^n)s = \frac{\sqrt{2}^{n+1}-1}{\sqrt{2}-1}s = (\sqrt{2}^{n+1}-1)(\sqrt{2}+1)s.$$
ここで
$$\alpha_n = \frac{P[p(X) > t_n]}{P[p(X) \leqq s]}$$

とおけば，(1.20) から $\alpha_{n+1} \leqq \alpha_n^2$ で，したがって $\alpha_n \leqq \alpha_0^{2^n}$ となる．よって

$$P[p(X) > (\sqrt{2}^{n+1}-1)(\sqrt{2}+1)s] = \alpha_n P[p(X) \leqq s]$$
$$\leqq P[p(X) \leqq s]\alpha_0^{2^n}$$
$$= P[p(X) \leqq s]\exp\{2^n \log \alpha_0\}.$$

さらに $u_n = \sqrt{2}^{n+4}s$ とおけば，$u_n > (\sqrt{2}^{n+1}-1)(\sqrt{2}+1)s$ となり

$$P[p(X) > u_n] \leqq P[p(X) \leqq s] \exp\left\{\frac{u_n^2}{16s^2} \log \alpha_0\right\}$$

を得る．ここで，s を十分大きくとっておいて，$\alpha_0 < 1$ となるようにする．このとき $v \geqq 4s$ に対し，$u_n \leqq v < u_{n+1}$ となる n をとれば

$$P[p(X) > v] \leqq P[p(X) > u_n]$$
$$\leqq P[p(X) \leqq s] \exp\left\{\frac{u_n^2}{16s^2} \log \alpha_0\right\}$$
$$= P[p(X) \leqq s] \exp\left\{\frac{u_{n+1}^2}{32s^2} \log \alpha_0\right\}$$
$$\leqq P[p(X) \leqq s] \exp\left\{\frac{v^2}{32s^2} \log \alpha_0\right\}.$$

そこで $a = -(\log \alpha_0)/32s^2 > 0$, $b = P[p(X) \leqq s]$ とおくと，$N \geqq 4s$ なる $N \in \mathbb{N}$ に対し，

$$P[p(X) > v] \leqq b e^{-av^2}, \quad \forall v \geqq N.$$

したがって，$0 < \alpha < a$ に対し

$$\int_{\{x;\,p(x)>N\}} e^{\alpha p(x)^2} \mu(dx) = \sum_{k=N}^{\infty} \int_{\{x;\,k<p(x)\leqq k+1\}} e^{\alpha p(x)^2} \mu(dx)$$
$$\leqq \sum_{k=N}^{\infty} e^{\alpha(k+1)^2} P[p(X) > k]$$
$$\leqq b \sum_{k=N}^{\infty} e^{\alpha(k+1)^2} e^{-ak^2} < \infty.$$

集合 $\{x;\,p(x) \leqq N\}$ 上での可積分性は明らかだから定理の主張が従う．∎

§1.2 重複 Wiener 積分

この節では，重複 Wiener 積分に関する基本的なことをまとめておく．(B, H, μ) を今まで通り抽象 Wiener 空間とする．

(a) Hermite 多項式

まず，**Hermite 多項式** $H_n(\xi)$ $(n \in \mathbb{Z}_+, \xi \in \mathbb{R})$ を次で定める．

$$(1.21) \qquad H_n(\xi) = \frac{(-1)^n}{n!} e^{\xi^2/2} \frac{d^n}{d\xi^n} e^{-\xi^2/2}.$$

初めのいくつかは，$H_0(\xi)=1, H_1(\xi)=\xi, H_2(\xi)=\frac{1}{2}(\xi^2-1), H_3(\xi)=\frac{1}{6}(\xi^3-3\xi)$ などである．このとき，次の性質は基本的である．

$$(1.22) \qquad \sum_{n=0}^{\infty} t^n H_n(\xi) = e^{t\xi - t^2/2},$$

$$(1.23) \qquad \frac{d}{d\xi} H_n(\xi) = H_{n-1}(\xi),$$

$$(1.24) \qquad (n+1)H_{n+1}(\xi) - \xi H_n(\xi) + H_{n-1}(\xi) = 0,$$

$$(1.25) \qquad \int_{\mathbb{R}} H_n(\xi) H_m(\xi) \frac{1}{\sqrt{2\pi}} e^{-\xi^2/2} d\xi = \delta_{n,m} \frac{1}{n!},$$

$$(1.26) \qquad \int_{\mathbb{R}} e^{\sqrt{-1}\eta\xi} H_n(\xi) \frac{1}{\sqrt{2\pi}} e^{-\xi^2/2} d\xi = e^{-\eta^2/2} \frac{\sqrt{-1}^n}{n!} \eta^n.$$

ここで，$H_{-1}(\xi)=0$ としている．

例題 1.7 上の関係式 (1.22)〜(1.26) を証明せよ．

[解] まず (1.22) を示すために $f(\xi) = e^{-\xi^2/2}$ とおく．

$$\begin{aligned}
\sum_{n=0}^{\infty} t^n H_n(\xi) &= e^{\xi^2/2} \sum_{n=0}^{\infty} \frac{(-t)^n}{n!} \frac{d^n}{d\xi^n} e^{-\xi^2/2} \\
&= e^{\xi^2/2} \sum_{n=0}^{\infty} \frac{f^{(n)}(\xi)}{n!} (\xi - t - \xi)^n \\
&= e^{\xi^2/2} f(\xi - t) \\
&= e^{\xi^2/2} e^{-(\xi-t)^2/2} \\
&= e^{t\xi - t^2/2}.
\end{aligned}$$

次に (1.22) の両辺を ξ で微分して（右辺は解析関数だから項別微分は自由にできる）

$$\sum_{n=0}^{\infty} t^n \frac{d}{d\xi} H_n(\xi) = t e^{t\xi - t^2/2} = \sum_{n=0}^{\infty} t^{n+1} H_n(\xi).$$

ここで両辺の t^n の係数を比較して (1.23) を得る．

同様に (1.22) の両辺を t で微分して

$$\sum_{n=0}^{\infty} nt^{n-1}H_n(\xi) = (\xi-t)e^{t\xi-t^2/2} = \sum_{n=0}^{\infty} t^n \xi H_n(\xi) - \sum_{n=0}^{\infty} t^{n+1}H_n(\xi).$$

両辺の t^n の係数を比較して(1.24)を得る.

(1.25)を示すには(1.24)と部分積分を用いる. $n>0$ とする. このとき

$$\int_{\mathbb{R}} H_n(\xi)H_m(\xi)\frac{1}{\sqrt{2\pi}}e^{-\xi^2/2}d\xi$$
$$= \frac{1}{n}\int_{\mathbb{R}}\xi H_{n-1}(\xi)H_m(\xi)\frac{1}{\sqrt{2\pi}}e^{-\xi^2/2}d\xi$$
$$\quad - \frac{1}{n}\int_{\mathbb{R}}H_{n-2}(\xi)H_m(\xi)\frac{1}{\sqrt{2\pi}}e^{-\xi^2/2}d\xi$$
$$= -\frac{1}{n}\int_{\mathbb{R}}H_{n-1}(\xi)H_m(\xi)\frac{1}{\sqrt{2\pi}}\frac{d}{d\xi}e^{-\xi^2/2}d\xi$$
$$\quad - \frac{1}{n}\int_{\mathbb{R}}H_{n-2}(\xi)H_m(\xi)\frac{1}{\sqrt{2\pi}}e^{-\xi^2/2}d\xi$$
$$= \frac{1}{n}\int_{\mathbb{R}}\frac{d}{d\xi}(H_{n-1}(\xi)H_m(\xi))\frac{1}{\sqrt{2\pi}}e^{-\xi^2/2}d\xi$$
$$\quad - \frac{1}{n}\int_{\mathbb{R}}H_{n-2}(\xi)H_m(\xi)\frac{1}{\sqrt{2\pi}}e^{-\xi^2/2}d\xi.$$

ここで(1.23)に注意すれば

$$\int_{\mathbb{R}} H_n(\xi)H_m(\xi)\frac{1}{\sqrt{2\pi}}e^{-\xi^2/2}d\xi$$
$$= \frac{1}{n}\int_{\mathbb{R}}H_{n-2}(\xi)H_m(\xi)\frac{1}{\sqrt{2\pi}}e^{-\xi^2/2}d\xi$$
$$\quad + \frac{1}{n}\int_{\mathbb{R}}H_{n-1}(\xi)H_{m-1}(\xi)\frac{1}{\sqrt{2\pi}}e^{-\xi^2/2}d\xi$$
$$\quad - \frac{1}{n}\int_{\mathbb{R}}H_{n-2}(\xi)H_m(\xi)\frac{1}{\sqrt{2\pi}}e^{-\xi^2/2}d\xi$$
$$= \frac{1}{n}\int_{\mathbb{R}}H_{n-1}(\xi)H_{m-1}(\xi)\frac{1}{\sqrt{2\pi}}e^{-\xi^2/2}d\xi.$$

これを繰り返せば(1.25)が得られる.

最後に(1.26)であるが, やはり(1.22)を使う.

$$\sum_{n=0}^\infty t^n \int_{\mathbb{R}} e^{\sqrt{-1}\eta\xi} H_n(\xi) \frac{1}{\sqrt{2\pi}} e^{-\xi^2/2} d\xi = \int_{\mathbb{R}} e^{\sqrt{-1}\eta\xi} e^{t\xi - t^2/2} \frac{1}{\sqrt{2\pi}} e^{-\xi^2/2} d\xi$$

$$= \int_{\mathbb{R}} e^{\sqrt{-1}\eta\xi} \frac{1}{\sqrt{2\pi}} e^{-(\xi-t)^2/2} d\xi$$

$$= e^{\sqrt{-1}\eta t - \eta^2/2}$$

$$= e^{-\eta^2/2} \sum_{n=0}^\infty \frac{\sqrt{-1}^n}{n!} \eta^n t^n.$$

再び t^n の係数を比較すればよい. ∎

(b) 重複 Wiener 積分

さて,$\Lambda = \{a = (a_1, a_2, \cdots) \mid a_i \in \mathbb{Z}_+$ で,有限個を除いて $a_i = 0\}$ とし,$a \in \Lambda$ に対し,$a! := \prod_{i=1}^\infty (a_i!)$,$|a| := \sum_{i=1}^\infty a_i$ と定める.さらに列 $\{\varphi_i\} \subseteq B^*$ を,H^* での完全正規直交系(c.o.n.s.)となるようにとり,以下固定しておく.さて,$a \in \Lambda$ に対し,

(1.27) $$\mathbf{H}_a(x) = \prod_{i=1}^\infty H_{a_i}(\langle x, \varphi_i \rangle)$$

を定める.これは,**Fourier–Hermite 多項式**と呼ばれているものである.また上の無限積は $H_0(\xi) = 1$ だから実際は有限積である.

定義 1.8 $n \in \mathbb{Z}_+$ に対し,$\{\mathbf{H}_a(x); |a| = n\}$ で張られる $L^2(B, \mu)$ での閉部分空間を,n 次**重複 Wiener 積分**の空間(あるいは n 次の Wiener chaos)と呼び,$\mathcal{H}_n$ と書く.また $\mathcal{H}_n$ への直交射影を J_n と書く. ∎

§1.1 で $\mathcal{H}_1$ はすでに出ているが,両者が一致することは明らかだろう.

命題 1.9 次のことが成立する.

(ⅰ) $\{\sqrt{a!}\,\mathbf{H}_a(x); a \in \Lambda\}$ は $L^2(B, \mu)$ の完全正規直交系である.

(ⅱ) $\{\sqrt{a!}\,\mathbf{H}_a(x); a \in \Lambda, |a| = n\}$ は $\mathcal{H}_n$ の完全正規直交系である.

(ⅲ) $L^2(B, \mu)$ は次のように直和分解される(**Itô–Wiener 展開**):

(1.28) $$L^2(B, \mu) = \bigoplus_{n=1}^\infty \mathcal{H}_n \quad (\text{直和}).$$

[証明] 定義,および (1.25) から明らかだろう. ∎

(c) 重複 Wiener 積分の核表現

重複 Wiener 積分の核表現を求めておこう. $\mathcal{L}_{(2)}^n(H;\mathbb{R})$ を $\underbrace{H\times\cdots\times H}_{n}$ 上の Hilbert–Schmidt クラスの n 重線形写像の全体とする. $\mathcal{L}_{(2)}^n(H;\mathbb{R})$ は次の Hilbert–Schmidt 内積で(可分) Hilbert 空間となる: $S,T\in\mathcal{L}_{(2)}^n(H;\mathbb{R})$, $\{e_i\}\subseteq H$ を完全正規直交系とするとき

$$(S,T)_{\mathcal{L}_{(2)}^n(H;\mathbb{R})} = \sum_{i_1,\cdots,i_n=1}^{\infty} S(e_{i_1},\cdots,e_{i_n})T(e_{i_1},\cdots,e_{i_n}).$$

上の内積は簡単に $(S,T)_{\text{HS}}$ と略記することもある. したがって, ノルムは $|\cdot|_{\text{HS}}$ と書く. 特に $n=1$ のときには, $\mathcal{L}_{(2)}^1(H;\mathbb{R})$ は H^* と一致し, また $\mathcal{L}_{(2)}^1(H;\mathbb{R})$ での内積と H^* の内積も一致している. さらに, $T\in\mathcal{L}_{(2)}^n(H;\mathbb{R})$ の対称化 $\mathcal{S}T$ を,

$$(1.29) \qquad \mathcal{S}T = \frac{1}{n!}\sum_{\sigma\in\mathfrak{S}_n} T(h_{\sigma(1)},\cdots,h_{\sigma(n)}), \quad h_1,\cdots,h_n\in H$$

で定める. ただし $\mathfrak{S}_n$ は n 次対称群である. $T\in\mathcal{L}_{(2)}^n(H;\mathbb{R})$ に対し $T=\mathcal{S}T$ が成立するとき T は対称であるという. 対称なもの全体を $\mathcal{SL}_{(2)}^n(H;\mathbb{R})$ と書く. $\mathcal{SL}_{(2)}^n(H;\mathbb{R})$ は $\mathcal{L}_{(2)}^n(H;\mathbb{R})$ の閉部分空間だから, 内積は $\mathcal{L}_{(2)}^n(H;\mathbb{R})$ の内積から自然に定義される.

さて, $\{\varphi_i\}\subseteq B^*$ を前に固定した H^* の完全正規直交系として, $\varphi_{i_1}\otimes\cdots\otimes\varphi_{i_n}\in\mathcal{L}_{(2)}^n(H;\mathbb{R})$ を

$$\varphi_{i_1}\otimes\cdots\otimes\varphi_{i_n}(h_1,\cdots,h_n) = \langle h_1,\varphi_{i_1}\rangle\cdots\langle h_n,\varphi_{i_n}\rangle, \quad h_1,\cdots,h_n\in H$$

で定めれば, $\{\varphi_{i_1}\otimes\cdots\otimes\varphi_{i_n}\mid i_1,\cdots,i_n=1,2,\cdots\}$ は $\mathcal{L}_{(2)}^n(H;\mathbb{R})$ の完全正規直交系となる. 同じように $\mathcal{SL}_{(2)}^n(H;\mathbb{R})$ の完全正規直交系が次のように構成できる. $a\in\Lambda$, $|a|=n$ のとき, $\varphi^a\in\mathcal{SL}_{(2)}^n(H;\mathbb{R})$ を

$$(1.30) \qquad \varphi^a = \mathcal{S}(\underbrace{\varphi_1\otimes\cdots\otimes\varphi_1}_{a_1}\otimes\underbrace{\varphi_2\otimes\cdots\otimes\varphi_2}_{a_2}\otimes\cdots)$$

で定める. このとき $|\varphi^a|_{\text{HS}} = \sqrt{a!/|a|!}$ に注意しよう. よって $\{\sqrt{n!/a!}\,\varphi^a\mid a\in\Lambda,\ |a|=n\}$ が $\mathcal{SL}_{(2)}^n(H;\mathbb{R})$ の完全正規直交系となる.

さて，重複 Wiener 積分の核表現にもどろう．$F \in L^2(B, \mu)$ に対し，H^* 上の汎関数 τF を次で対応させる：

$$(1.31) \qquad \tau F(l) = e^{|l|^2/2} \int_B e^{\sqrt{-1} I_1(l)(x)} F(x) \mu(dx), \quad l \in H^*.$$

ここで(1.26)から $a \in \Lambda$, $|a| = n$ に対し，

$$(1.32) \qquad \tau \mathbf{H}_a(l) = \sqrt{-1}^n \frac{1}{a!} (\varphi^a, \underbrace{l \otimes \cdots \otimes l}_{n})_{\mathrm{HS}}$$

が成立する．したがって

$$\tau \sqrt{a!} \, \mathbf{H}_a(l) = \sqrt{-1}^n \left(\frac{\varphi^a}{\sqrt{a!}}, l \otimes \cdots \otimes l \right)_{\mathrm{HS}}$$

となるが，$\{\sqrt{a!} \, \mathbf{H}_a ; a \in \Lambda, |a| = n\}$ が $\mathcal{H}_n$ の完全正規直交系であり，$\{\sqrt{n!/a!} \varphi^a ; a \in \Lambda, |a| = n\}$ が $\mathcal{SL}^n_{(2)}(H; \mathbb{R})$ の完全正規直交系であることに注意すれば，τ は $\mathcal{H}_n$ と $\mathcal{SL}^n_{(2)}(H; \mathbb{R})$ の同型対応を与える．すなわち，$F \in \mathcal{H}_n$ に対し，$T \in \mathcal{SL}^n_{(2)}(H; \mathbb{R})$ が存在し

$$\tau F(l) = \sqrt{-1}^n (T, l \otimes \cdots \otimes l)_{\mathrm{HS}}$$

となる．これによって，$I_n : \mathcal{SL}^n_{(2)}(H; \mathbb{R}) \to \mathcal{H}_n$ を $I_n(T) = F$ で定義し，これを T の n 次重複 Wiener 積分，T を核と呼ぶ．ただし，ノルムに関しては $|I_n(T)|_{L^2(B,\mu)} = \sqrt{n!} |T|_{\mathrm{HS}}$ となっていることに注意しよう．また $a \in \Lambda$, $|a| = n$ のとき，$I_n(\varphi^a) = a! \mathbf{H}_a$ である．また，$T \in \mathcal{L}^n_{(2)}(H; \mathbb{R})$ が対称でないときも $I_n(T) = I_n(\mathcal{S}T)$ で定義する．

I_n は **Wick 積**(Wick product)と呼ばれるものに対応する．Wick 積は記号：：を使うことが多いので，われわれも場合によって，$I_n(T)$ の代わりに $:T(x, \cdots, x):$ を使うことにしよう．例えば $\varphi_1, \cdots, \varphi_n \in H^*$ に対し，$I_n(\varphi_1 \otimes \cdots \otimes \varphi_n)$ と書いたり，$:\langle x, \varphi_1 \rangle \cdots \langle x, \varphi_n \rangle:$ と書いたりするわけである．ここで記号の乱用をしていることを注意しておこう．$\varphi \in H^*$ に対して $\langle x, \varphi \rangle$ と書いたとき，一般に x は H よりも広い B の元であるから paring としての意味をなさない．しかし φ を B^* の元で近似するとき $L^2(B, \mu)$ で $I_1(\varphi)$ に収束するから $\langle x, \varphi \rangle = I_1(\varphi)$ と定義する．これはいわゆる Wiener 積分と呼ばれるもので，ほとんどすべての点に対してのみ定義されているものである．

上の記法を使えば $\eta_1, \cdots, \eta_n$ が H^* の正規直交系のとき

$$:\langle x, \eta_1\rangle^{a_1}\cdots\langle x, \eta_n\rangle^{a_n}: = \prod_i a_i! H_{a_i}(\langle x, \eta_i\rangle)$$

が成立する.

例題 1.10 $\xi, \eta \in H^*$ に対し

$$:\langle x, \xi\rangle\langle x, \eta\rangle: = \langle x, \xi\rangle\langle x, \eta\rangle - (\xi, \eta)_{H^*}$$

を示せ.

[解] ξ, η が直交する場合は, Hermite 多項式で表現できる. そこで
$$\eta = \xi(\eta, \xi)/|\xi|^2 + \eta - \xi(\eta, \xi)/|\xi|^2$$
と分解して, $\zeta = \eta - \xi(\eta, \xi)/|\xi|^2$ とおけば $\xi \perp \zeta$ だから

$$\begin{aligned}
:\langle x, \xi\rangle\langle x, \eta\rangle: &= :\langle x, \xi\rangle\langle x, \xi(\eta, \xi)/|\xi|^2 + \zeta\rangle: \\
&= (\langle x, \xi\rangle^2 - |\xi|^2)(\eta, \xi)/|\xi|^2 + \langle x, \xi\rangle\langle x, \zeta\rangle \\
&= \langle x, \xi\rangle\langle x, \xi(\eta, \xi)/|\xi|^2 + \zeta\rangle - (\xi, \eta) \\
&= \langle x, \xi\rangle\langle x, \eta\rangle - (\xi, \eta).
\end{aligned}$$

これが求める結果である. ∎

(d) 重複 Wiener 積分と確率積分

古典的な Wiener 空間 $(C_0([0, \infty) \to \mathbb{R}^d), \mu)$ の場合に, 重複 Wiener 積分の具体的な表現を与えておこう. いままで有限区間 $[0, T]$ で考えてきたが, 重複 Wiener 積分は区間 $[0, \infty)$ 上でも定義できる. このとき Cameron–Martin 空間 H は $[0, \infty)$ 上の絶対連続で, Radon–Nikodým 導関数が $L^2([0, \infty); \mathbb{R}^d)$ に属するもの全体になる.

さて, 一般に H 上の n 重線形写像 T は次のような積分核 $\Phi = (\Phi_{i_1\cdots i_n}) \in L^2([0, \infty); (\mathbb{R}^d)^{\otimes n})$ を用いて

$$T(h_1, \cdots, h_n) = \sum_{i_1, \cdots, i_n} \int_0^\infty \cdots \int_0^\infty \Phi_{i_1\cdots i_n}(t_1, \cdots, t_n) \dot{h}_1^{i_1}(t_1) \cdots \dot{h}_n^{i_n}(t_n) dt_1 \cdots dt_n,$$
$$h_1, \cdots, h_n \in H$$

と表わすことができる. T が対称であるときには任意の置換 $\sigma \in \mathfrak{S}_n$ に対し,

$$T(h_{\sigma(1)}, \cdots, h_{\sigma(n)})$$
$$= \sum_{i_1, \cdots, i_n} \int_0^\infty \cdots \int_0^\infty \Phi_{i_1 \cdots i_n}(t_1, \cdots, t_n) \dot{h}_{\sigma(1)}^{i_1}(t_1) \cdots \dot{h}_{\sigma(n)}^{i_n}(t_n) dt_1 \cdots dt_n$$
$$= \sum_{i_{\sigma(1)}, \cdots, i_{\sigma(n)}} \int_0^\infty \cdots \int_0^\infty \Phi_{i_{\sigma(1)} \cdots i_{\sigma(n)}}(t_1, \cdots, t_n) \dot{h}_{\sigma(1)}^{i_{\sigma(1)}}(t_1) \cdots \dot{h}_{\sigma(n)}^{i_{\sigma(n)}}(t_n) dt_1 \cdots dt_n$$
$$= \sum_{i_1, \cdots, i_n} \int_0^\infty \cdots \int_0^\infty \Phi_{i_{\sigma(1)} \cdots i_{\sigma(n)}}(t_1, \cdots, t_n) \dot{h}_1^{i_1}(t_{\sigma^{-1}(1)}) \cdots \dot{h}_n^{i_n}(t_{\sigma^{-1}(n)}) dt_1 \cdots dt_n$$
$$= \sum_{i_1, \cdots, i_n} \int_0^\infty \cdots \int_0^\infty \Phi_{i_{\sigma(1)} \cdots i_{\sigma(n)}}(t_{\sigma(1)}, \cdots, t_{\sigma(n)}) \dot{h}_1^{i_1}(t_1) \cdots \dot{h}_n^{i_n}(t_n) dt_1 \cdots dt_n.$$

したがって

(1.33) $\qquad \Phi_{i_{\sigma(1)} \cdots i_{\sigma(n)}}(t_{\sigma(1)}, \cdots, t_{\sigma(n)}) = \Phi_{i_1 \cdots i_n}(t_1, \cdots, t_n).$

この関係式を満たす元全体を $\hat{L}^2([0, \infty); (\mathbb{R}^d)^{\otimes n})$ と書くことにする.

これから確率積分との対応を与えることができる.

定理 1.11 $\Phi \in \hat{L}^2([0, \infty); (\mathbb{R}^d)^{\otimes n})$ に対し

(1.34)
$$I_n(\Phi) = \sum_{i_1, \cdots, i_n} \int_0^\infty dw^{i_n}(t_n) \cdots \int_0^{t_3} dw^{i_2}(t_2) \int_0^{t_2} \Phi_{i_1 \cdots i_n}(t_1, \cdots, t_n) dw^{i_1}(t_1)$$

が成立する.(関係式(1.33)から上の積分はどの単体で実行しても同じになる.)

[証明] Φ が,関数 $\prod_{j=1}^n 1_{[\tau_j, \sigma_j]}(t_j) e_{i_1} \otimes \cdots \otimes e_{i_n}$ を対称化したものである場合を考えよう.ここで $\{e_1, \cdots, e_d\}$ は $\mathbb{R}^d$ の基本ベクトルで,$\sigma_j \leqq \tau_{j+1}$ とする.こうすれば,関数族 $1_{[\tau_1, \sigma_1]} e_{i_1}, \cdots, 1_{[\tau_n, \sigma_n]} e_{i_n}$ は直交系となる.よって定義から

$$I_n(\Phi) = \prod_j \langle w, 1_{[\tau_j, \sigma_j]} e_{i_j} \rangle$$
$$= \prod_j (w^{i_j}(\sigma_j) - w^{i_j}(\tau_j))$$
$$= \int_0^\infty dw^{i_n}(t_n) \cdots \int_0^{t_3} dw^{i_2}(t_2) \int_0^{t_2} 1_{[\tau_1, \sigma_1] \times \cdots \times [\tau_n, \sigma_n]}(t_1, \cdots, t_n) dw^{i_1}(t_1)$$

となり,この場合は(1.34)が成立していることが容易に確かめられる.

一般の場合には,上のような関数の 1 次結合が $\hat{L}^2([0, \infty); (\mathbb{R}^d)^{\otimes n})$ で稠密

であることに注意すればよい.

《要約》

1.1　Wiener 過程とそれに基づく確率積分，伊藤の公式.

1.2　Wiener 過程のずらしに対する絶対連続性(Cameron–Martin の定理). Cameron–Martin 空間はずらしが絶対連続になる元として特徴づけられる．さらに抽象 Wiener 空間への一般化.

1.3　Fourier–Hermite 多項式と重複 Wiener 積分．2 乗可積分 Wiener 汎関数に対する Itô–Wiener 展開.

2

Ornstein–Uhlenbeck 過程

 抽象 Wiener 空間上の Ornstein–Uhlenbeck 過程について述べる. さらにそれから定まる Ornstein–Uhlenbeck 半群について詳論する. その生成作用素 L は Ornstein–Uhlenbeck 作用素と呼ばれ, Malliavin 解析におけるもっとも基本的な作用素である. L の固有関数は完全に決定され, 重複 Wiener 積分で与えられることを見る.

§2.1 Ornstein–Uhlenbeck 半群

(a) Ornstein–Uhlenbeck 過程の構成

 (B, H, μ) を抽象 Wiener 空間とする. B 上の Ornstein–Uhlenbeck 過程と呼ばれるものを構成しよう. まず B 上の測度 μ_t ($t \geq 0$) を, 写像 $x \mapsto \sqrt{t}\,x$ による μ の像測度とする. μ_t の特性関数は次で与えられる:

$$(2.1) \quad \hat{\mu}_t = \int_B e^{\sqrt{-1}\langle x, \varphi \rangle} \mu_t(dx) = \exp\left\{-\frac{t}{2}|\iota^*\varphi|_{H^*}^2\right\}, \quad \varphi \in B^*.$$

このことから, $\mu_t * \mu_s = \mu_{t+s}$ ($*$ は合成積) は明らかだろう. そこで**推移確率** (transition probability) $P_t(x, A)$, $t \geq 0$, $x \in B$, $A \in \mathcal{B}(B)$ を

$$(2.2) \quad P_t(x, A) = \int_B 1_A(e^{-t}x + \sqrt{1-e^{-2t}}\,y)\mu(dy)$$

で定義する. このとき次の **Chapman–Kolmogorov** の関係式が成りたつ:

$$\int_B P_t(x,dy)P_s(y,A)$$
$$= \int_B P_s(e^{-t}x+\sqrt{1-e^{-2t}}\,y,A)\mu(dy)$$
$$= \int_B\int_B 1_A(e^{-s}\{e^{-t}x+\sqrt{1-e^{-2t}}\,y\}+\sqrt{1-e^{-2s}}\,z)\mu(dy)\mu(dz)$$
$$= \int_B 1_A(e^{-s-t}x+y)\mu_{e^{-2s}(1-e^{-2t})}*\mu_{1-e^{-2s}}(dy)$$
$$= \int_B 1_A(e^{-s-t}x+\sqrt{1-e^{-2s-2t}}\,y)\mu(dy)$$
$$= P_{t+s}(x,A).$$

これに Kolmogorov の拡張定理を用いると，Markov 過程の存在がいえる.

定義 2.1 推移確率 $\{P_t(x,dy)\}$ で定まる Markov 過程を，**Ornstein–Uhlenbeck 過程**と呼ぶ. □

また，推移確率を $P_t^B(x,A)=\mu_t(A-x)$ で与えたときに，これから定まる Markov 過程を B 上の **Brown 運動**と呼ぶ.

(b) Ornstein–Uhlenbeck 過程の連続性

上の定義では，任意の $x\in B$ から出発する測度が $B^{[0,\infty)}$ 上に定義されることになるが，実際は $C([0,\infty)\to B)$ 上に実現できる．それには Kolmogorov の定理([5] 定理 A.2)に持ち込めばよいわけであるから，次を示せばよい．

命題 2.2 任意の $x_0\in B$ に対し，B 上の距離 ρ を $\rho(x,y)=\|x-y\|$ で定める．このとき定数 $c>0$ が存在して，$s,t\geqq 0$ に対し，

$$(2.3)\qquad \int_B\int_B \rho(y,z)^4 P_s(x_0,dy)P_t(y,dz) \leq c(t^2+t^4)$$

が成立する．

[証明] ρ を上のように定めるとき
$$\int_B\int_B \rho(y,z)^4 P_s(x_0,dy)P_t(y,dz)$$
$$= \int_B P_s(x_0,dy)\int_B \|y-\{e^{-t}y+\sqrt{1-e^{-2t}}\,z\}\|^4\mu(dz)$$

$$\begin{aligned}
&= \int_B\int_B \|e^{-s}x_0 + \sqrt{1-e^{-2s}}\,y - \{e^{-t}(e^{-s}x_0 + \sqrt{1-e^{-2s}}\,y) + \sqrt{1-e^{-2t}}\,z\}\|^4 \\
&\quad \times \mu(dy)\mu(dz) \\
&= \int_B\int_B \|\{1-e^{-t}\}e^{-s}x_0 + y + z\|^4 \mu_{(1-e^{-2s})(1-e^{-t})^2}(dy)\mu_{1-e^{-2t}}(dz) \\
&= \int_B \|\{1-e^{-t}\}e^{-s}x_0 + y\|^4 \mu_{(1-e^{-t})\{2-e^{-2s}(1-e^{-t})\}}(dy) \\
&= \int_B \|\{1-e^{-t}\}e^{-s}x_0 + \sqrt{(1-e^{-t})\{2-e^{-2s}(1-e^{-t})\}}\,y\|^4 \mu(dy) \\
&\leqq 8(1-e^{-t})^4 e^{-4s}\|x_0\|^4 + 8(1-e^{-t})^2\{2-e^{-2s}(1-e^{-t})\}^2 \int_B \|y\|^4\mu(dy) \\
&\leqq 8t^4\|x_0\|^4 + 32t^2 \int_B \|y\|^4\mu(dy).
\end{aligned}$$

ここで定理 1.6 (Fernique の定理) から

$$\int_B \|y\|^4 \mu(dy) < \infty$$

であるから求める結果を得る. ∎

同様にして，B 上の Brown 運動も $C([0,\infty) \to B)$ 上の測度として構成できる．この Brown 運動の分布を P_x^B と表わし，Ornstein–Uhlenbeck の分布を P_x と表わす．このとき，B が有限次元の場合は P_x^B と P_x は $\mathcal{F}_t$ 上で互いに絶対連続となる．ただし $\mathcal{F}_t$ は時刻 t までの道で生成される σ-加法族である．しかし，B が無限次元の場合は P_x^B と P_x とは $\mathcal{F}_t$ 上に制限しても互いに特異となる．ここでも有限次元と無限次元の差が現れている．

$C([0,\infty) \to B)$ は有界区間上の一様収束の位相で可分 Fréchet 空間になる．しかも P_x^B, P_x はともに $C([0,\infty) \to B)$ 上の Gauss 測度であることは容易に確かめられる．対応する再生核 Hilbert 空間を $H_{P_x^B}$, H_{P_x} とすれば

$$H_{P_x^B} = \{h \in C([0,\infty) \to B);\, h(t) = \int_0^t l(s)ds,\ l \in L^2([0,\infty), dt; H)\},$$

$$H_{P_x} = \{h \in C([0,\infty) \to B);\, h(t) = e^{-t}\int_0^t e^{-s}l(s)ds,\ l \in L^2([0,\infty), dt; H)\}$$

となることが，古典的な Wiener 測度の場合と同様に確かめられる．

(c) 不変測度

ここで Ornstein–Uhlenbeck 過程の**不変測度**(invariant measure)を求めておこう.

命題 2.3 μ は不変測度である.すなわち

$$
(2.4) \qquad \int_B P_t(x,A)\mu(dx) = \mu(A), \quad A \in \mathcal{B}(B).
$$

［証明］

$$
\begin{aligned}
\int_B P_t(x,A)\mu(dx) &= \int_B 1_A(e^{-t}x + \sqrt{1-e^{-2t}}\,y)\mu(dy)\mu(dx) \\
&= \int_B 1_A(x)\mu_{e^{-2t}} * \mu_{1-e^{-2t}}(dx) \\
&= \mu(A).
\end{aligned}
$$

これが示すべきことである. ∎

μ はただ一つの不変測度である.実際,有界連続関数 F に対し,

$$
\lim_{t\to\infty} \int_B F(y) P_t(x,dy) = \int_B F(y)\mu(dy), \quad \forall x \in B
$$

が成立するからである.

(d) Ornstein–Uhlenbeck 半群

上の命題 2.2 によって Ornstein–Uhlenbeck 過程は $C([0,\infty)\to B)$ 上の測度として構成できたわけだが,われわれは Ornstein–Uhlenbeck 過程そのものは以後用いない.この章の主な道具となるのは Ornstein–Uhlenbeck 半群 $\{T_t\}_{t\geq 0}$ およびその生成作用素 L である. Ornstein–Uhlenbeck 半群 $\{T_t\}_{t\geq 0}$ は非負 Borel 可測関数 F に対し,

$$
(2.5) \quad T_t F(x) = \int_B F(y) P_t(x,dy) = \int_B F(e^{-t}x + \sqrt{1-e^{-2t}}\,y)\mu(dy)
$$

で定義される.一般の Borel 可測関数 F に対しては,$F_+ = F \vee 0$, $F_- = (-F) \vee 0$ として

§2.1 Ornstein–Uhlenbeck 半群

$$T_t F(x) = T_t F_+(x) - T_t F_-(x)$$

で定める.ただし $T_t F_+(x) = T_t F_-(x) = \infty$ のときは $T_t F(x) = \infty$ と定める.

さてここで,いくつか B 上の関数のクラスを定義しておこう.まず $\mathcal{S}$ を,次のような関数 $F: B \to \mathbb{R}$ の全体とする:ある $n \in \mathbb{N}$, $\varphi_1, \cdots, \varphi_n \in B^*$, $f \in C^\infty(\mathbb{R}^n)$ で f およびその微分がすべて多項式の増大度を持つものが存在し,

(2.6) $$F(x) = f(\langle x, \varphi_1 \rangle, \cdots, \langle x, \varphi_n \rangle)$$

と表わされる.

また,上の f がコンパクトな台を持つ C^∞-関数にとれるもの全体を $\mathcal{S}_0$ で表わす.f が多項式の場合 F をやはり多項式と呼び,その全体は $\mathcal{P}$ で表わす.明らかに任意の $p \geqq 1$ に対し,$\mathcal{P}, \mathcal{S}_0, \mathcal{S} \subseteq L^p(B, \mu)$ であり $\mathcal{P}, \mathcal{S}_0, \mathcal{S}$ はすべて $L^p(B, \mu)$ で稠密である.$L^p(B, \mu)$ のノルムは $\|\cdot\|_p$ で表わすことにする:

$$\|F\|_p = \left\{ \int_B |F(x)|^p \mu(dx) \right\}^{1/p}.$$

命題 2.4 $\{T_t\}_{t \geqq 0}$ は $L^p(B, \mu)$ $(p \geqq 1)$ 上の強連続縮小半群である.すなわち,$F \in L^p(B, \mu)$ に対し

(2.7) $$\|T_t F\|_p \leqq \|F\|_p,$$

(2.8) $$\lim_{t \downarrow 0} \|T_t F - F\|_p = 0$$

が成立する.

[証明] まず(2.7)を示そう.

$$|T_t F(x)|^p = \left| \int_B F(y) P_t(x, dy) \right|^p$$
$$\leqq \int_B |F(y)|^p P_t(x, dy) \quad (\because \text{Jensen の不等式}).$$

よって,

$$\|T_t F\|_p^p \leqq \int_B |T_t F(x)|^p \mu(dx)$$
$$\leqq \int_B \int_B |F(y)|^p P_t(x, dy) \mu(dx)$$

$$= \int_B |F(y)|^p \mu(dy) \quad (\because 命題 2.3)$$
$$= \|F\|_p^p.$$

(2.8)については,まず $F \in \mathcal{S}_0$ に対しては $\lim_{t \downarrow 0} T_t F(x) = F(x)$ かつ $\{T_t F\}_{t \geq 0}$ が一様に有界であることから $\lim_{t \downarrow 0} \|T_t F - F\|_p = 0$ を得る.あとは(2.7)と $\mathcal{S}_0$ が $L^p(B, \mu)$ で稠密であることに注意すればよい. ∎

命題 2.4 から $\{T_t\}_{t \geq 0}$ は強連続縮小半群であることがわかったので,Hille–Yosida の半群の一般論が使える.$\{T_t\}$ の生成作用素を **Ornstein–Uhlenbeck 作用素**と呼び,L で表わす.以下のことはすべて空間 $L^p(B, \mu)$ でのことで p を明示すべきであるが,特に混乱のおそれのないときはいちいち断らない.特に明示する場合は,例えば L を $L^p(B, \mu)$ で考えていることをはっきりさせるために L_p と書く.したがってその定義域は $\mathrm{Dom}(L_p)$ と表わされる.L の具体的な形を求めておこう.そのために微分の概念を導入しておく.

(e) 各種の微分

次の微分の概念はよく知られている.

定義 2.5 関数 $F: B \to \mathbb{R}$ が点 $x \in B$ において **Gâteaux 微分可能**であることを,ある $\varphi \in B^*$ が存在し

$$(2.9) \quad \frac{d}{dt} F(x + ty) \Big|_{t=0} = \langle y, \varphi \rangle, \quad \forall y \in B$$

が成立することであると定義する.φ を F の点 x での **Gâteaux 微分**(Gâteaux derivative)と呼び,$F'(x)$ と記す. ∎

上の微分はいわば方向微分である.全微分に対応するものは **Fréchet 微分**(Fréchet derivative)と呼ばれている.さらに上記の微分の概念をさらにゆるめて,H-微分を導入しよう.定理 1.3(Cameron–Martin の定理)の前で述べたように H を考えることはずらしの絶対連続性による.H 方向に着目するところが Malliavin 解析の鍵となる.

定義 2.6 関数 $F: B \to \mathbb{R}$ が,点 $x \in B$ において **H-微分可能**であることを,ある $h^* \in H^*$ が存在し

(2.10) $$\left.\frac{d}{dt}F(x+th)\right|_{t=0} = \langle h, h^* \rangle, \quad \forall h \in H$$

が成立することであると定義する．h^* を F の点 x での **H-微分**(H-derivative) と呼び，$DF(x)$ と記す． □

さらに $k \in \mathbb{N}$ に対し，k 階 H-微分可能であることを，ある k 重連続線形写像 $\Phi: \underbrace{H \times \cdots \times H}_{k} \to \mathbb{R}$ が存在し（このような連続線形写像全体を $\mathcal{L}^n(H;\mathbb{R})$ と記す），

(2.11) $$\left.\frac{\partial^k}{\partial t_1 \cdots \partial t_k}F(x+t_1 h_1 + \cdots + t_k h_k)\right|_{t_1=\cdots=t_k=0} = \Phi(h_1, \cdots, h_k),$$
$$\forall h_1, \cdots, h_k \in H$$

が成立することであると定義する．Φ を F の点 x での k 階 H-微分と呼び，$D^k F(x)$ と記す．

さて，もう一つ概念を導入しておく．$\Phi \in \mathcal{L}^2(H;\mathbb{R})$ が**核型**(trace class)であることを，H の完全正規直交系 $\{h_n\}$ および $\{k_n\}$ を任意に動かすときの上限

$$\sup \sum_{n=1}^{\infty} |\Phi(h_n, k_n)|$$

が有限であることで定める．核型の作用素の全体を $\mathcal{L}_{(1)}(H)$ と記す．さらに，$\Phi \in \mathcal{L}_{(1)}(H)$ に対し，そのトレースを

(2.12) $$\mathrm{tr}\,\Phi = \sum_{n=1}^{\infty} \Phi(h_n, h_n)$$

で定める．ここに $\{h_n\}$ は H の完全正規直交系で，上の定義は完全正規直交系のとり方によらない．

$F \in \mathcal{S}$ の場合，Gâteaux 微分および H-微分は次で与えられる．F が (2.6) のように $F(x) = f(\langle x, \varphi_1 \rangle, \cdots, \langle x, \varphi_n \rangle)$ と表わされているとする．すると，f の j 成分に関する微分を $\partial_j f$ で表わすことにして，まず

(2.13) $$F'(x) = \sum_{j=1}^{n} \partial_j f(\langle x, \varphi_1 \rangle, \cdots, \langle x, \varphi_n \rangle) \varphi_j.$$

さらに k 階の H-微分は

$$(2.14) \quad D^k F(x) = \sum_{j_1,\cdots,j_k=1}^{n} \partial_{j_1}\cdots\partial_{j_k} f(\langle x,\varphi_1\rangle,\cdots,\langle x,\varphi_n\rangle)\varphi_{j_1}\otimes\cdots\otimes\varphi_{j_k}$$

で与えられる．さらに $\{\varphi_j\}$ が H^* の正規直交系であるとすれば(もし必要ならば Schmidt の直交化をすることによって，正規直交系として一般性を失わない)，

$$(2.15) \quad \operatorname{tr} D^2 F(x) = \sum_{j=1}^{n} \partial_j\partial_j f(\langle x,\varphi_1\rangle,\cdots,\langle x,\varphi_n\rangle)$$
$$= \triangle_n f(\langle x,\varphi_1\rangle,\cdots,\langle x,\varphi_n\rangle).$$

ただし，$\triangle_n$ は $\mathbb{R}^n$ での Laplace 作用素である．

命題 2.7 $F \in \mathcal{S}$ に対し，次が成立する：

$$(2.16) \quad LF(x) = \operatorname{tr} D^2 F(x) - {}_B\langle x, F'(x)\rangle_{B^*}.$$

[証明] $F \in \mathcal{S}$ が(2.6)の形で与えられ，さらに $\{\varphi_j\}$ が H^* の正規直交系であるとしてよい．$\xi = (\langle x,\varphi_1\rangle,\cdots,\langle x,\varphi_n\rangle)$ として，

$$(2.17) \quad T_t F(x) = \int_{\mathbb{R}^n} f(e^{-t}\xi + \sqrt{1-e^{-2t}}\eta)(2\pi)^{-n/2} e^{-|\eta|^2/2} d\eta$$

で与えられることに注意しよう．すると，$t>0$ のとき

$$\frac{d}{dt} T_t F(x)$$
$$= \frac{d}{dt} \int_{\mathbb{R}^n} f(e^{-t}\xi + \sqrt{1-e^{-2t}}\eta)(2\pi)^{-n/2} e^{-|\eta|^2/2} d\eta$$
$$= -\int_{\mathbb{R}^n} \sum_{j=1}^{n} e^{-t}\xi^j \partial_j f(e^{-t}\xi + \sqrt{1-e^{-2t}}\eta)(2\pi)^{-n/2} e^{-|\eta|^2/2} d\eta$$
$$\quad + \int_{\mathbb{R}^n} \sum_{j=1}^{n} \partial_j f(e^{-t}\xi + \sqrt{1-e^{-2t}}\eta) \frac{\eta^j e^{-2t}}{\sqrt{1-e^{-2t}}} (2\pi)^{-n/2} e^{-|\eta|^2/2} d\eta$$
$$= -\int_{\mathbb{R}^n} \sum_{j=1}^{n} e^{-t}\xi^j \partial_j f(e^{-t}\xi + \sqrt{1-e^{-2t}}\eta)(2\pi)^{-n/2} e^{-|\eta|^2/2} d\eta$$
$$\quad - \int_{\mathbb{R}^n} \sum_{j=1}^{n} \partial_j f(e^{-t}\xi + \sqrt{1-e^{-2t}}\eta) \frac{e^{-2t}}{\sqrt{1-e^{-2t}}} (2\pi)^{-n/2} \partial_j(e^{-|\eta|^2/2}) d\eta$$

$$= -e^{-t}\sum_{j=1}^{n}\xi^j\int_{\mathbb{R}^n}\partial_j f(e^{-t}\xi+\sqrt{1-e^{-2t}}\eta)(2\pi)^{-n/2}e^{-|\eta|^2/2}d\eta$$
$$+ e^{-2t}\int_{\mathbb{R}^n}\triangle_n f(e^{-t}\xi+\sqrt{1-e^{-2t}}\eta)(2\pi)^{-n/2}e^{-|\eta|^2/2}d\eta.$$

ただし,上の微分は,点 x をとめるごとの微分であるが,$L^p(B,\mu)$ での微分としても正しいことは Lebesgue の定理を援用すれば容易に確かめられる.したがって,$t>0$ のときの LT_tF が計算できたわけで,あと $t\to 0$ として,

$$(2.18) \quad LF(x) = \triangle_n f(\langle x,\varphi_1\rangle,\cdots,\langle x,\varphi_n\rangle)$$
$$-\sum_{j=1}^{n}\langle x,\varphi_j\rangle\partial_j f(\langle x,\varphi_1\rangle,\cdots,\langle x,\varphi_n\rangle).$$

これが(2.16)の右辺に等しいことは容易にわかる. ∎

上の証明にもみられるように,$\varphi_1,\cdots,\varphi_n\in B^*$ を H^* の正規直交系にとることにより $\mathbb{R}^n$ 上の Ornstein–Uhlenbeck 過程に帰着される.以下ではこのことは断りなく使っていく.ただし評価に関しては次元によらないことに留意する必要がある.

(f) L の固有関数

Ornstein–Uhlenbeck 作用素 L は固有値,固有関数が完全にわかっている.実際それは次に見るように Fourier–Hermite 多項式で与えられる.

命題 2.8 $\mathbf{H}_a(x)$ を(1.27)で定まる Fourier–Hermite 多項式とすると,
$$(2.19) \qquad L\,\mathbf{H}_a(x) = -|a|\,\mathbf{H}_a(x).$$
したがって
$$(2.20) \qquad T_t\,\mathbf{H}_a(x) = e^{-|a|t}\,\mathbf{H}_a(x).$$

[証明] Hermite 多項式の性質(1.24)と(1.23)を合わせると

$$(2.21) \qquad \frac{d^2}{d\xi^2}H_n(\xi)-\xi\frac{d}{d\xi}H_n(\xi) = -nH_n(\xi)$$

が得られる.これと(2.18)を考慮すれば,(2.19)は容易に得られる.(2.20)は(2.19)から明らか. ∎

上のことから,半群 $\{T_t\}$ の対称性を示すことができる.まず記号の約束

をしておこう．$F,G \in L^2(B,\mu)$ のとき，内積を

(2.22) $$(F,G) = \int_B F(x)G(x)\mu(dx)$$

で定める．これを流用して $F \in L^p(B,\mu)$, $G \in L^q(B,\mu)$ $(1/p+1/q=1,\ p,q>1)$ の場合にも，内積 (F,G) を (2.22) で定め，積分記号をいちいち書かないですますためにこの略記法をしばしば用いる．F,G のとる値が Hilbert 空間になっていても同様である．すなわち，K を Hilbert 空間としたとき $F \in L^p(B,\mu;K)$, $G \in L^q(B,\mu;K)$ のとき，

$$(F,G) = \int_B (F(x),G(x))_K \mu(dx).$$

命題 2.9 $F \in L^p(B,\mu)$, $G \in L^q(B,\mu)$ $(1/p+1/q=1,\ p,q>1)$ に対し

(2.23) $$(T_t F, G) = (F, T_t G).$$

また，F が $L^p(B,\mu)$ での L の定義域 $\mathrm{Dom}(L_p)$ に属し，G が $L^q(B,\mu)$ での L の定義域 $\mathrm{Dom}(L_q)$ に属せば

(2.24) $$(LF, G) = (F, LG).$$

[証明] $\mathbf{H}_a(x)$, $\mathbf{H}_b(x)$ を Fourier–Hermite 多項式とするとき，
$$(T_t \mathbf{H}_a, \mathbf{H}_b) = e^{-t|a|}(\mathbf{H}_a, \mathbf{H}_b) = e^{-t|a|}\delta_{ab}/a!$$
$$= e^{-t|b|}\delta_{ab}/b! = (\mathbf{H}_a, T_t \mathbf{H}_b)$$

が成立する．あとは，多項式が稠密であることに注意すればよい．

(2.24) は L が生成作用素であることから従う．

命題 2.10 $F,G \in \mathcal{S}$ に対し，次が成立する．

(2.25) $L(F \cdot G)(x) = LF(x)G(x) + F(x)LG(x) + 2(DF(x), DG(x))_{H^*}$

(2.26) $(LF, G) = -(DF, DG).$

ただし，$(DF, DG) = \int_B (DF(x), DG(x))_{H^*} \mu(dx)$ である．

[証明] 簡単のために，$B = \mathbb{R}^d$ の場合を示す．(2.18) より

$$L(F \cdot G)(x) = \sum_j \frac{\partial^2 (F \cdot G)}{(\partial x^j)^2}(x) - \sum_j x^j \frac{\partial (F \cdot G)}{\partial x^j}(x)$$
$$= \sum_j \left\{ \frac{\partial^2 F}{(\partial x^j)^2}(x) G(x) + 2 \frac{\partial F}{\partial x^j}(x) \frac{\partial G}{\partial x^j}(x) + F(x) \frac{\partial^2 G}{(\partial x^j)^2}(x) \right\}$$

$$-\sum_j x^j \left\{ \frac{\partial F}{\partial x^j}(x)G(x) + F(x)\frac{\partial G}{\partial x^j}(x) \right\}$$
$$= LF(x)G(x) + F(x)LG(x) + 2(DF(x), DG(x))_{H^*}.$$

(2.26)は(2.25)を B 上で積分し，(2.24)を用いればよい． ∎

§2.2 超縮小性と対数 Sobolev 不等式

この節で Ornstein–Uhlenbeck 半群に対する超縮小性と対数 Sobolev 不等式を示す．またその応用として乗法作用素の L^p での連続性について考察する．

(a) 超縮小性

命題 2.4 で $\{T_t\}$ が縮小半群であることを示したが，さらに強いことが成立する．それは E. Nelson によって得られた**超縮小性**(hypercontractivity)である．それを次に述べる．ここで，$L^p(B,\mu)$ でのノルムを $\|\cdot\|_p$ で表わすことにする．

定理 2.11 $p>1$, $t \geqq 0$ に対し，$q(t) = e^{2t}(p-1)+1$ とする．このとき，

(2.27) $\qquad \|T_t F\|_{q(t)} \leqq \|F\|_p, \quad \forall F \in L^p(B,\mu).$

[証明] Neveu が簡単にした証明を紹介しよう．$\mathcal{S}$ が $L^p(B,\mu)$ で稠密であること，および(2.17)の形から B が $\mathbb{R}^n$ の場合を示せばよい(このように有限次元に帰着させることは以下しばしば用いられる)．

$(B_t), (\tilde{B}_t), 0 \leqq t \leqq 1$ を独立な 2 つの n 次元 Brown 運動で，$B_0 = \tilde{B}_0 = 0$ とする．また $0 < \lambda < 1$ に対して，$q = \lambda^{-2}(p-1)+1$ とおき，さらに q' を $1/q + 1/q' = 1$ を満たすようにとる．さらに f, g を $\mathbb{R}^n$ 上の Borel 可測関数で，ある定数 $0 < a < b$ に対し，$a \leqq f(x) \leqq b$, $a \leqq g(x) \leqq b$, $\forall x \in \mathbb{R}^n$ が成り立っているとする．さらに Brown 運動 $(\hat{B}_t)$ を

$$\hat{B}_t = \lambda B_t + \sqrt{1-\lambda^2}\,\tilde{B}_t$$

で定め，$\mathcal{F}_t^B = \sigma(B_s; 0 \leqq s \leqq t)$, $\mathcal{F}_t^{\hat{B}} = \sigma(\hat{B}_s; 0 \leqq s \leqq t)$ として，連続マルチンゲール $(M_t), (N_t)$ を

34 ── 第 2 章　Ornstein–Uhlenbeck 過程

$$M_t = E[f^p(\hat{B}_1)|\mathcal{F}_t^{\hat{B}}], \quad 0 \leqq t \leqq 1,$$
$$N_t = E[g^{q'}(B_1)|\mathcal{F}_t^B], \quad 0 \leqq t \leqq 1$$

で定める．ここで，マルチンゲール表現定理 ([5] 定理 4.11) により (M_t), (N_t) は次のように表現される：

$$M_t = M_0 + \int_0^t \varphi_s d\hat{B}_s,$$
$$N_t = N_0 + \int_0^t \psi_s dB_s.$$

さてここで，$\langle M \rangle_t = \int_0^t \varphi_s^2 ds$, $\langle N \rangle_t = \int_0^t \psi_s^2 ds$, $\langle M, N \rangle = \lambda \int_0^t \varphi_s \psi_s ds$ であることに注意しよう．さて伊藤の公式から

$$\begin{aligned}d(M_t^{1/p} N_t^{1/q'}) &= \frac{1}{p} M_t^{1/p-1} N_t^{1/q'} dM_t + \frac{1}{q'} M_t^{1/p} N_t^{1/q'-1} dN_t \\ &\quad + \frac{1}{2} \frac{1}{p} \left(\frac{1}{p} - 1\right) M_t^{1/p-2} N_t^{1/q'} d\langle M \rangle_t \\ &\quad + \frac{1}{p} \frac{1}{q'} M_t^{1/p-1} N_t^{1/q'-1} d\langle M, N \rangle_t \\ &\quad + \frac{1}{2} \frac{1}{q'} \left(\frac{1}{q'} - 1\right) M_t^{1/p} N_t^{1/q'-2} d\langle N \rangle_t.\end{aligned}$$

したがって

$$\begin{aligned}&E\left[M_t^{1/p} N_t^{1/q'}\right] - E\left[M_0^{1/p} N_0^{1/q'}\right] \\ &= -\frac{1}{2} E\left[\int_0^t M_t^{1/p-2} N_t^{1/q'-2} \Big[\frac{1}{p}\left(1 - \frac{1}{p}\right) N_t^2 \varphi_t^2 - 2\frac{1}{p}\frac{1}{q'} M_t N_t \lambda \varphi_t \psi_t \right. \\ &\qquad\qquad \left. + \frac{1}{q'}\left(1 - \frac{1}{q'}\right) M_t^2 \psi_t^2 \Big] dt \right] \\ &= -\frac{1}{2} E\left[\int_0^t M_t^{1/p-2} N_t^{1/q'-2} \Big[\left(\frac{\sqrt{p-1}}{p} N_t \varphi_t - \frac{\sqrt{q'-1}}{q'} M_t \psi_t \right)^2 \right. \\ &\qquad\qquad \left. + 2\frac{\sqrt{p-1}}{p}\frac{\sqrt{q'-1}}{q'} N_t \varphi_t M_t \psi_t - 2\frac{1}{p}\frac{1}{q'} \lambda N_t \varphi_t M_t \psi_t \Big] dt \right].\end{aligned}$$

ところで

§2.2 超縮小性と対数 Sobolev 不等式 —— 35

$$\sqrt{(p-1)(q'-1)} = \sqrt{(p-1)\Big(\frac{q}{q-1}-1\Big)} = \sqrt{\frac{p-1}{q-1}} = \sqrt{\frac{p-1}{\lambda^{-2}(p-1)}} = \lambda$$

であるから,結局

$$E\Big[M_t^{1/p} N_t^{1/q'}\Big] - E\Big[M_0^{1/p} N_0^{1/q'}\Big]$$
$$= -\frac{1}{2}\int_0^t M_t^{1/p-2} N_t^{1/q'-2} \Big(\frac{\sqrt{p-1}}{p} N_t\varphi_t - \frac{\sqrt{q'-1}}{q'} M_t\psi_t\Big)^2 dt \leq 0$$

が得られる.すなわち

$$E[f(\hat{B}_1)g(B_1)] \leqq E[f^p(\hat{B}_1)]^{1/p} E[g^{q'}(B_1)]^{1/q'}.$$

$(\hat{B}_t)$ の定め方から

$$\int_{\mathbb{R}^n}\int_{\mathbb{R}^n} f(\lambda\xi+\sqrt{1-\lambda^2}\,\eta)g(\eta)\Big(\frac{1}{\sqrt{2\pi}}\Big)^n e^{-|\xi|^2/2}\Big(\frac{1}{\sqrt{2\pi}}\Big)^n e^{-|\eta|^2/2}d\xi d\eta$$
$$\leqq \Big\{\int_{\mathbb{R}^n} f^p(\xi)\Big(\frac{1}{\sqrt{2\pi}}\Big)^n e^{-|\xi|^2/2} d\xi\Big\}^{1/p} \Big\{\int_{\mathbb{R}^n} g^{q'}(\eta)\Big(\frac{1}{\sqrt{2\pi}}\Big)^n e^{-|\eta|^2/2} d\eta\Big\}^{1/q'}$$
$$= \|f\|_p \|g\|_{q'}.$$

ここで,$\lambda = e^{-t}$ とすれば

$$\int_{\mathbb{R}^n} T_t f(\xi)g(\xi)\Big(\frac{1}{\sqrt{2\pi}}\Big)^n e^{-|\xi|^2/2} d\xi \leqq \|f\|_p \|g\|_{q(t)'}.$$

ただし,$q(t)'$ は $1/q(t)+1/q(t)'=1$ を満たすものとする.極限をとることにより,上式は,$f \geqq 0$, $g \geqq 0$ なるときに成立する.さらに一般の場合は,$|T_t f(\xi)| \leqq T_t |f|(\xi)$ に注意して

$$\Big|\int_{\mathbb{R}^n} T_t f(\xi)g(\xi)\Big(\frac{1}{\sqrt{2\pi}}\Big)^n e^{-|\xi|^2/2} d\xi\Big| \leqq \int_{\mathbb{R}^n} |T_t f(\xi)||g(\xi)|\Big(\frac{1}{\sqrt{2\pi}}\Big)^n e^{-|\xi|^2/2} d\xi$$
$$\leqq \int_{\mathbb{R}^n} T_t|f|(\xi)|g(\xi)|\Big(\frac{1}{\sqrt{2\pi}}\Big)^n e^{-|\xi|^2/2} d\xi$$
$$\leqq \|f\|_p \|g\|_{q(t)'}.$$

これから $\|T_t f\|_{q(t)} \leqq \|f\|_p$ は容易. ∎

(b) 対数 Sobolev 不等式

上の超縮小性から，L. Gross [7] により次の対数 **Sobolev 不等式**（logarithmic Sobolev inequality）が得られることが示されている．Gross 自身は対数 Sobolev 不等式から超縮小性が従うことも示している．

定理 2.12 $p>1$ とする．このとき，$F \in \mathrm{Dom}(L_p)$（$L^p(B,\mu)$ における L の定義域）に対し，

$$(2.28) \quad \int_B |F(x)|^p \log|F(x)| \mu(dx)$$
$$\leqq -\frac{p}{2(p-1)} \int_B F_p(x) LF(x) \mu(dx) + \|F\|_p^p \log\|F\|_p.$$

ここに

$$F_p(x) = |F(x)|^{p-1} \mathrm{sgn}(F(x)) = \begin{cases} |F(x)|^{p-1} & F(x) > 0 \text{ のとき} \\ 0 & F(x) = 0 \text{ のとき} \\ -|F(x)|^{p-1} & F(x) < 0 \text{ のとき}. \end{cases}$$

[証明] $F \in \mathcal{P}$ のときを示せば十分である．$q(t) = e^{2t}(p-1)+1$ とおく．定理 2.11 より，$(\|T_t F\|_{q(t)} - \|F\|_p)/t \leqq 0$ だから

$$(2.29) \quad \frac{d}{dt} \|T_t F\|_{q(t)} \Big|_{t=0} \leqq 0$$

である．この微分を計算しよう．そこで

$$\varphi(t) = \|T_t F\|_{q(t)}^{q(t)} = \int_B |T_t F(x)|^{q(t)} \mu(dx)$$

とおく．すると

$$\varphi'(t) = \int_B \{|T_t F(x)|^{q(t)} \log|T_t F(x)| q'(t)$$
$$+ q(t) |T_t F(x)|^{q(t)-1} \mathrm{sgn}(T_t F(x)) \frac{d}{dt} T_t F(x)\} \mu(dx).$$

ここで $q'(t) = 2e^{2t}(p-1)$ だから，$t=0$ の場合は

§2.2 超縮小性と対数 Sobolev 不等式 —— 37

$$\varphi'(0) = \int_B \{2(p-1)|F(x)|^p \log|F(x)| \\ + p|F(x)|^{p-1} \operatorname{sgn}(F(x))LF(x)\}\mu(dx).$$

一方

$$\frac{d}{dt}\|T_t F\|_{q(t)} = \frac{d}{dt}(\varphi(t)^{1/q(t)}) \\ = \frac{1}{q(t)}\varphi(t)^{1/q(t)-1}\varphi'(t) + \varphi(t)^{1/q(t)}\log\varphi(t)\Big\{-\frac{q'(t)}{q(t)^2}\Big\}.$$

したがって (2.29) から

$$\frac{d}{dt}\|T_t F\|_{q(t)}\Big|_{t=0} \\ = \frac{1}{p}\|F\|_p^{p(1/p-1)}\bigg\{2(p-1)\int_B |F(x)|^p \log|F(x)|\mu(dx) \\ + p\int_B F_p(x)LF(x)\mu(dx)\bigg\} \\ + \|F\|_p^{p(1/p)}\log\|F\|_p^p\Big\{-\frac{2(p-1)}{p^2}\Big\} \\ \leqq 0.$$

ここで $\|F\|_p^{p-1}p/2(p-1)$ を掛けて,

$$\int_B |F(x)|^p \log|F(x)|\mu(dx) + \frac{p}{2(p-1)}\int_B F_p(x)LF(x)\mu(dx) - \|F\|_p^p \log\|F\|_p \\ \leqq 0.$$

よって (2.28) が得られた. ∎

特に $p \geqq 2$ の場合は (2.28) は

(2.30) $$\int_B |F(x)|^p \log|F(x)|\mu(dx) \\ \leqq \frac{p}{2}\int_B |F(x)|^{p-2}|DF(x)|_{H^*}^2 \mu(dx) + \|F\|_p^p \log\|F\|_p$$

と書き直すことができる. すなわち, F の微分が L^p に属するという条件から, F 自身の可積分性がよくなる. ただし, 指数 p を上げることはできない

(反例がある). このことも, 有限次元の Euclid 空間の場合の Sobolev の不等式と異なる点である.

例題 2.13 $q>p$ に対し, どのように大きく定数 C をとっても
(2.31) $$\|f\|_q \leqq C(\|D^k f\|_p + \|f\|_p)$$
とはできないことを示せ.

[解] $B=\mathbb{R}$ で反例を作ろう. $f(x)=e^{\alpha x}$ とする.

$$\|f\|_q^q = \frac{1}{\sqrt{2\pi}} \int_{-\infty}^{\infty} e^{q\alpha x} e^{-x^2/2} dx$$
$$= \frac{1}{\sqrt{2\pi}} \int_{-\infty}^{\infty} e^{-(x-q\alpha)^2/2} e^{q^2\alpha^2/2} dx$$
$$= e^{q^2\alpha^2/2}.$$

また $D^k f(x) = \alpha^k e^{\alpha x}$ だから
$$\|D^k f\|_p^p = \alpha^{kp} \|f\|_p^p = \alpha^{kp} e^{p^2\alpha^2/2}.$$

よって
$$\frac{\|f\|_q}{\|D^k f\|_p + \|f\|_p} = \frac{e^{q\alpha^2/2}}{\alpha^k e^{p\alpha^2/2} + e^{p\alpha^2/2}}.$$

$q>p$ より右辺は $\alpha \to \infty$ のとき発散するから, (2.31)は成立しない. ∎

さらに超縮小性の応用として, 各種の作用素の $L^p(B,\mu)$ $(p>1)$ での有界性に関したことを示すことができる. 以下それをまとめておこう.

命題 2.14 n 次の重複 Wiener 積分の空間 $\mathcal{H}_n$ は $L^p(B,\mu)$ $(p>1)$ の閉部分空間であり, そこでの $L^p(B,\mu)$ のノルム $\|\cdot\|_p$ はすべて同値である.

[証明] $F(x)$ を $\{\mathbf{H}_a(x) \mid |a|=n\}$ の有限個の1次結合で表わされる関数とする. 命題 2.8 より $T_t F = e^{-nt} F$ である. さて任意に $1<p<q$ をとり, $t_0>0$ を $q=e^{2t_0}(p-1)+1$ を満たすようにとる. すると定理 2.11 より
$$\|F\|_p \geqq \|T_{t_0} F\|_q = \|e^{-nt_0} F\|_q = e^{-nt_0} \|F\|_q$$
となり, $\|F\|_p \leqq \|F\|_q \leqq e^{nt_0} \|F\|_p$ が得られる. したがって $\{\mathbf{H}_a(x) \mid |a|=n\}$ で張られる $L^p(B,\mu)$ での閉部分空間は $p>1$ によらずに同じである. すなわち, $\mathcal{H}_n$ は $L^p(B,\mu)$ で閉部分空間となる. ノルムの同値性も上のことから明らか. ∎

§2.2 超縮小性と対数 Sobolev 不等式 —— 39

定義 1.8 で $L^2(B,\mu)$ での $\mathcal{H}_n$ への直交射影を J_n と書いた. 次に, J_n が $L^p(B,\mu)$ $(p>1)$ においても連続な作用素であることを示す.

命題 2.15 J_n は $L^p(B,\mu)$ $(p>1)$ での連続な作用素である. また

(2.32) $$J_n J_m = J_m J_n = \delta_{n,m} J_n$$
(2.33) $$T_t J_n = J_n T_t = e^{-nt} J_n.$$

[証明] まず命題の意味をはっきりさせておこう. まず $1<p<2$ に対しては, $L^p(B,\mu) \supseteq L^2(B,\mu)$ だから, J_n が $L^p(B,\mu)$ に連続に拡張できるということである. $p>2$ に対しては, $L^p(B,\mu) \subseteq L^2(B,\mu)$ だから, J_n を $L^p(B,\mu)$ に制限したものが連続であることを意味する.

最初に $1<p<2$ の場合を示す. $t>0$ を, $2 = e^{2t}(p-1)+1$ を満たすようにとる. すると $F \in L^2(B,\mu)$ に対し (2.33) は $p=2$ のとき明らかに成立しているから $T_t J_n F = e^{-nt} J_n F$ に注意して, 定理 2.11 から
$$\|e^{-nt}J_n F\|_p = \|T_t J_n F\|_p \leq \|T_t J_n F\|_2 = \|J_n T_t F\|_2 \leq \|T_t F\|_2 \leq \|F\|_p.$$
したがって
$$\|J_n F\|_p \leq e^{nt}\|F\|_p.$$
これから J_n が $L^p(B,\mu)$ に連続に拡張できることは明らか.

次に $p>2$ の場合を示そう. $t>0$ を $p = e^{2t}+1$ となるようにとる. すると $F \in L^p(B,\mu)$ に対し
$$\|e^{-nt}J_n F\|_p = \|T_t J_n F\|_p \leq \|J_n F\|_2 \leq \|F\|_2 \leq \|F\|_p.$$
したがって
$$\|J_n F\|_p \leq e^{nt}\|F\|_p$$
となり求める結果を得る.

(2.32), (2.33) は $L^2(B,\mu)$ に対して成立するから明らか. ∎

上の証明は $1<p<2$ の場合と $p>2$ の場合に分けて証明したが, 一方の場合だけ証明して, あとは $F, G \in L^2(B,\mu)$ に対し $(J_n F, G) = (F, J_n G)$ が成立することを注意して双対性から他の場合を証明することもできる. この考え方は定理 2.11 の場合にも適用できたわけであるが, 特に場合分けをしても容易になるわけではないのでしなかった. しかし以下, 双対性によって $1<$

$p < 2$ あるいは $p > 2$ の場合の一方のみを示すことが多い．

（c） 従属操作

さて半群 $\{T_t\}_{t \geq 0}$ を変形していくつか別の半群を得ることができる．そのためにまず $0 < \beta \leq 1$, $0 \leq t < \infty$ に対して，$[0, \infty)$ 上の確率測度 $\lambda_t^{(\beta)}$ を，その Laplace 変換が次で与えられるものとする：

$$(2.34) \qquad \int_0^\infty e^{-\gamma s} \lambda_t^{(\beta)}(ds) = \exp(-\gamma^\beta t), \quad \gamma \geq 0.$$

例題 2.16 $\lambda_a^{(1/2)}$ の分布は絶対連続でその密度関数は（t を変数として）

$$(2.35) \qquad \frac{1}{2\sqrt{\pi}} a t^{-3/2} e^{-a^2/4t}$$

で与えられることを示せ．ただし $a > 0$ である．

［解］ 直接 (2.35) の Laplace 変換を計算しても示せるが，ここでは別の方法で求めてみよう．

熱核 $p(t, x, y)$ を

$$p(t, x, y) = \frac{1}{\sqrt{4\pi t}} e^{-|x-y|^2/4t}$$

で定めればその Laplace 変換（すなわち Green 関数）は

$$\int_0^\infty e^{-\gamma t} p(t, x, y) dt = \frac{1}{2\sqrt{\gamma}} e^{-\sqrt{\gamma}|x-y|}, \quad \gamma \geq 0$$

で与えられる．これを見るには $x = 0$ で $y \geq 0$ の場合を示せば十分である．答はわかっているのであるからそれに合わせて計算すればよい．そこで

$$F(y) = \int_0^\infty e^{-\gamma t} \frac{1}{\sqrt{4\pi t}} e^{-y^2/4t} dt$$

とおく．F を微分して

$$F'(y) = -\int_0^\infty e^{-\gamma t} \frac{1}{\sqrt{4\pi t}} \frac{y}{2t} e^{-y^2/4t} dt$$

$$= -\int_\infty^0 e^{-y^2/4u} \left(4\pi \frac{y^2}{4\gamma u}\right)^{-1/2} \frac{y}{2} \frac{4\gamma u}{y^2} e^{-\gamma u} \left(-\frac{y^2}{4\gamma u^2}\right) du \qquad \left(t = \frac{y^2}{4\gamma u}\right)$$

$$= -\int_0^\infty e^{-y^2/4u} \frac{\sqrt{\gamma}}{\sqrt{4\pi u}} e^{-\gamma u} du$$
$$= -\sqrt{\gamma} F(y)$$

となるから $F(y) = Ce^{-\sqrt{\gamma}y}$ である．定数 C は

$$\begin{aligned}
C &= F(0) \\
&= \int_0^\infty e^{-\gamma t} \frac{1}{\sqrt{4\pi t}} dt \\
&= \int_0^\infty e^{-u} \frac{1}{\sqrt{4\pi u/\gamma}} \frac{du}{\gamma} \quad (t = u/\gamma) \\
&= \frac{1}{\sqrt{4\pi\gamma}} \int_0^\infty e^{-u} u^{-1/2} du \\
&= \frac{1}{\sqrt{4\pi\gamma}} \Gamma(1/2) = \frac{1}{2\sqrt{\gamma}}
\end{aligned}$$

より求まる．したがって

$$\int_0^\infty e^{-\gamma t} p(t, 0, y) dt = \frac{1}{2\sqrt{\gamma}} e^{-\sqrt{\gamma}y}$$

が成立する．ここで両辺を y で微分して

$$\int_0^\infty e^{-\gamma t} \frac{\partial}{\partial y} p(t, 0, y) dt = -\frac{1}{2} e^{-\sqrt{\gamma}y}.$$

これから $\lambda_y^{(1/2)}$ の分布の密度関数は

$$-2 \frac{\partial}{\partial y} p(t, 0, y) = \frac{1}{2\sqrt{\pi}} y t^{-3/2} e^{-y^2/4t}$$

であることがわかる． ■

さて，ここで半群 $\{T_t^{(\beta)}\}_{t \geqq 0}$ を

(2.36) $$T_t^{(\beta)} = \int_0^\infty T_s \lambda_t^{(\beta)}(ds)$$

で定める．測度 $\lambda_t^{(\beta)}$ は $\lambda_t^{(\beta)} * \lambda_s^{(\beta)} = \lambda_{t+s}^{(\beta)}$ ($*$ は合成積) をみたすから，$\{T_t^{(\beta)}\}_{t \geqq 0}$ は半群で，さらに $\lambda_t^{(\beta)}$ が確率測度であるから縮小半群である．この方法で新たに半群を得る操作を**従属操作**(subordination)という．この半群の生成作

用素を $L^{(\beta)}$ と書くことにする。$\beta=1$ の場合は $T_t^{(1)}=T_t$ である。また $\beta=\frac{1}{2}$ の場合,$\{T_t^{(1/2)}\}_{t\geqq 0}$ は **Cauchy 半群**(あるいは **Poisson 半群**)と呼ばれ,ここでは特に $\{Q_t\}$ で表わすことにし,さらにその生成作用素 $L^{(1/2)}$ を C で表わすことにする。C は Cauchy 作用素と呼ばれるものである。

また,$L^p(B,\mu)$ 上の有界作用素に対しては,その**作用素ノルム**を $\|\cdot\|_{\mathrm{op}}$ で示すことにする。L^p での作用素ノルムであることを明示するときは $\|\cdot\|_{p\to p}$ の表記を使う。$\|\cdot\|_{p\to q}$ と書けば L^p から L^q への作用素ノルムを表わす。次のことは命題 2.15 から明らかであろう。

命題 2.17 $L^p(B,\mu)$ $(p>1)$ において次が成立する:
$$(2.37) \qquad T_t^{(\beta)} J_n = J_n T_t^{(\beta)} = e^{-n^\beta t} J_n, \quad n \in \mathbb{Z}_+. \qquad \square$$

(d) 乗法作用素

さて,ここで**乗法作用素**(multiplier)の考え方を導入しよう。関数(いまの場合は数列)$\phi: \mathbb{Z}_+ \to \mathbb{R}$ に対し,作用素 M_ϕ を
$$(2.38) \qquad M_\phi F = \sum_{n=0}^{\infty} \phi(n) J_n F, \quad F \in \mathcal{P}$$
で定める。$F \in \mathcal{P}$ に対して右辺は有限和だから,$T_\phi F$ は確定する。

いまの場合 Ornstein–Uhlenbeck 作用素のスペクトルが $\mathbb{Z}_+$ なので上のような表記になるが,$-L$ のスペクトル分解を
$$(2.39) \qquad -L = \int_0^\infty \lambda dE_\lambda$$
とすれば,M_ϕ は L^2 において
$$M_\phi = \int_0^\infty \phi(\lambda) dE_\lambda$$
と表わされる。M_ϕ は $\phi(-L)$ と書くのが自然なので,以後こちらの表記を使うことにする。L^2 の場合には $\phi(-L)$ が有界になるための必要十分条件は ϕ が有界であることと単純明快である。しかしながら L^p のときはこれほど単純にはいかない。以下,L^p において $\phi(-L)$ が有界になるための十分条件を

§2.2 超縮小性と対数 Sobolev 不等式

いくつか見ていくことにする.

まず,半群が縮小写像であることを使えば $\{T_t\}$ の凸結合で表わせるものは有界になる.すなわち,$[0,\infty)$ 上の確率測度 ρ によって

$$\text{(2.40)} \qquad \int_0^\infty T_t \rho(dt)$$

と表わされる作用素は L^p $(1 \leqq p < \infty)$ においても縮小写像となる.このことは (2.36) で $T_t^{(\beta)}$ を定義したときなどに当然のように使ってきたことである.また ρ は正でなくても,全変動量が有限となる符号付測度ならば,やはり有界な作用素が得られる.(2.40) に対応する ϕ は明らかに

$$\text{(2.41)} \qquad \phi(\lambda) = \int_0^\infty e^{-\lambda t} \rho(dt)$$

である.作用素ノルムは ρ の全変動量で評価される.

レゾルベント $G_\alpha = (\alpha - L)^{-1}$ についても,αG_α が縮小であるから同様のことが成り立つ.ここで一つ例を挙げておこう.

命題 2.18 $\alpha > 0, \beta \geqq 0$ が $|\alpha - \beta| \leqq \alpha$ を満たすとき,$0 < \varepsilon \leqq 1$ に対し

$$\text{(2.42)} \qquad \phi(\lambda) = \left(\frac{\beta + \lambda}{\alpha + \lambda} \right)^\varepsilon$$

とおく.このとき $\phi(-L)$ は L^p $(1 \leqq p < \infty)$ において有界でその作用素ノルムは

$$\text{(2.43)} \qquad \|\phi(-L)\|_{p \to p} \leqq 2$$

と評価される.

[証明] $(1-x)^\varepsilon$ の $x=0$ の近傍での Taylor 展開を

$$(1-x)^\varepsilon = 1 + \sum_{k=1}^\infty a_k x^k$$

とすれば

$$a_k = -\varepsilon(1-\varepsilon)(2-\varepsilon)\cdots(k-1-\varepsilon)/k!.$$

したがって a_k はすべて負であり

$$\sum_{k=1}^\infty a_k x^k = (1-x)^\varepsilon - 1$$

において $x \to 1$ とすれば単調収束定理から

$$\sum_{k=1}^{\infty} a_k = -1$$

が得られる.

さて

$$\phi(-L) = \left(\frac{\beta-L}{\alpha-L}\right)^\varepsilon = \left(1 - \frac{\alpha-\beta}{\alpha-L}\right)^\varepsilon = 1 + \sum_{k=1}^{\infty} a_k(\alpha-\beta)^k G_\alpha^k$$

であるから

$$\|\phi(-L)\|_{p\to p} \leqq 1 - \sum_{k=1}^{\infty} a_k |\alpha-\beta|^k \|G_\alpha\|_{p\to p}^k = 1 - \sum_{k=1}^{\infty} a_k \left(\frac{|\alpha-\beta|}{\alpha}\right)^k \leqq 2.$$

これが求める結果である. ∎

上の命題で $0 < \varepsilon \leqq 1$ としたのは (2.43) のすっきりした評価にするためで, $\phi(-L)$ が有界であることだけを示すのならこの制約は必要ない. ε は負でもよいが, この場合は $|\alpha-\beta| < \alpha$ という条件をつけるか, あるいは α と β を入れ替えて, $\varepsilon > 0$ の場合に帰着させ $|\alpha-\beta| \leqq \beta$ という条件にすることもできる. 半群が使える強味は $p=1$ の場合でも通用することである. 以下では $p=1$ の場合を除外しなければならない.

命題 2.15 は半群の超縮小性に基づいているわけであるが, これを一般化すれば次のように述べることができる.

命題 2.19 ϕ を $[0,\infty)$ 上の台がコンパクトな有界関数とする. このとき L^p $(p>1)$ において $\phi(-L)$ は有界な作用素となる. また $\mathbb{R}$ 上の関数 χ を

$$\chi(\lambda) = \begin{cases} 0 & x < 0 \\ 1 & x \geqq 0 \end{cases}$$

で定め, 自然数 n に対し $\chi_n(\lambda) = \chi(\lambda-n)$ と定義する. このとき定数 $A = A(p,n)$ が存在し

(2.44) $$\|T_t^{(\beta)} \chi_n(-L)\|_{\mathrm{op}} \leqq A e^{-n^\beta t}.$$

[証明] $1 < p < 2$ の場合だけ示す. $t > 0$ を $2 = e^{2t}(p-1) + 1$ を満たすようにとる. この t に対し新しい関数 ψ を

$$\psi(\lambda) = \phi(\lambda)e^{t\lambda}$$

で定めれば, L^2 において $\psi(-L)$ は有界な作用素であり $\phi(-L) = \psi(-L)T_t$ が成り立つ. したがって

$$\|\phi(-L)\|_{p\to 2} \leqq \|\psi(-L)\|_{2\to 2}\|T_t\|_{p\to 2} \leqq \|\psi(-L)\|_{2\to 2}$$

であるが, 埋め込み $L^2 \hookrightarrow L^p$ は連続であるから求める結果を得る.

次に(2.44)を見よう. $p=2$ のときは $\sup_{\lambda \geqq 0} e^{-t\lambda}\chi_n(\lambda) = e^{-tn}$ だから

$$\|T_t\chi_n(-L)\|_{2\to 2} \leqq e^{-tn}$$

が成立する. $p>2$ のときは t_0 を $p = e^{2t_0}+1$ ととって定理2.11から

$$\begin{aligned}\|T_{t+t_0}\chi_n(-L)F\|_p &\leqq \|T_t\chi_n(-L)F\|_2 \\ &\leqq e^{-nt}\|F\|_2 \\ &\leqq e^{nt_0}e^{-n(t_0+t)}\|F\|_p.\end{aligned}$$

$t \leqq t_0$ のときは, $\chi_n(-L)$ が有界だから(前半の結果を使う) $\|T_t\chi_n(-L)\|_{\mathrm{op}} \leqq \|\chi_n(-L)\|_{\mathrm{op}}$ となることに注意して, まず $\beta = 1$ の場合に(2.44)が成立していることがわかる.

$0 < \beta < 1$ の場合は(2.36)から

$$\begin{aligned}\|T_t^{(\beta)}\chi_n(-L)\|_{\mathrm{op}} &\leqq \int_0^\infty \|T_s\chi_n(-L)\|_{\mathrm{op}}\lambda_t^{(\beta)}(ds) \\ &\leqq \int_0^\infty Ae^{-ns}\lambda_t^{(\beta)}(ds) \\ &= Ae^{-n^\beta t}.\end{aligned}$$

これですべての場合が証明できた. ∎

P. Meyer [20]により, M_ϕ が $L^p(B,\mu)$ $(p>1)$ の有界な線形作用素に拡張できるための十分条件が次のように与えられている.

定理 2.20 有界な関数 $\phi(\lambda)$ が原点の近傍で解析的なある関数 h を用いて $n_0 \in \mathbb{Z}_+$ および $0 < \beta \leqq 1$ に対して,

(2.45) $$\phi(\lambda) = h(\lambda^{-\beta})$$

で与えられているとする. このとき $\phi(-L)$ は $L^p(B,\mu)$ $(p>1)$ において有界

である.

[証明] まず ϕ を次のように2つの部分に分けて考える：
$$\phi = \phi(1-\chi_n) + \phi\chi_n =: \phi^{(1)} + \phi^{(2)}.$$
ここで n は原点を中心とする半径 $1/n^\beta$ の円板で h が解析的となるようにとる. $\phi^{(1)}(-L)$ が有界であることは命題 2.15 から明らか. $\phi^{(2)}(-L)$ の有界性を示そう. まず,
$$R = \int_0^\infty T_t^{(\beta)} \chi_n(-L) dt$$
とおけば，命題 2.19 から R は有界作用素として定まり，
$$\|R\|_{\mathrm{op}} \leqq A/n^\beta$$
となる. さらに,
$$R^2 = \int_0^\infty \int_0^\infty T_t^{(\beta)} \chi_n(-L) T_s^{(\beta)} \chi_n(-L) dt\, ds$$
$$= \int_0^\infty \int_0^\infty T_{t+s}^{(\beta)} \chi_n(-L) dt\, ds$$
であるから
$$\|R^2\|_{\mathrm{op}} \leqq A n^{-2\beta}$$
となる. これを続ければ,

(2.46) $$\|R^k\|_{\mathrm{op}} \leqq A n^{-k\beta}, \quad k \in \mathbb{Z}_+$$

が得られる. また容易にわかるように, L^2 においては (2.39) のスペクトル分解を用いて
$$R^k = \int_n^\infty \lambda^{-k\beta} dE_\lambda.$$
さて, h は原点の近傍では解析的だから次のように Taylor 展開できる：
$$h(z) = \sum_k a_k z^k.$$
したがって,
$$\phi^{(2)}(-L) = \int_n^\infty h(\lambda^{-\beta}) dE_\lambda = \sum_k a_k \int_n^\infty \lambda^{-k\beta} dE_\lambda = \sum_k a_k R^k.$$

ここで $\sum_k |a_k| n^{-k\beta} < \infty$ と (2.46) を用いれば, $\phi^{(2)}(-L)$ が有界作用素に拡張できることが従う. ∎

命題 2.21 $L^p(B,\mu)$ $(p>1)$ の作用素として $L^{(\beta)}$ $(0<\beta\leq 1)$ のスペクトルは点スペクトルのみで, その全体を $\sigma_p(L^{(\beta)})$ と表わすと, $\sigma_p(L^{(\beta)}) = \{-n^\beta \mid n \in \mathbb{Z}_+\}$ で, $-n^\beta$ に対応する固有空間は $\mathcal{H}_n$ である.

[証明] (2.37) より $F \in \mathcal{H}_n$ に対し, $L^{(\beta)}F = -n^\beta F$ は明らか. 固有値が $-n^\beta$, $n \in \mathbb{Z}_+$ だけであることは, $\mathcal{H}_n$, $n \in \mathbb{Z}_+$ の有限 1 次結合が $L^p(B,\mu)$ で稠密であることと, $F \in \text{Dom}(L_p^{(\beta)})$, $G \in \text{Dom}(L_q^{(\beta)})$ $(1/p+1/q=1, \ p,q>1)$ に対して, $(L^{(\beta)}F, G) = (F, L^{(\beta)}G)$ が成立することからわかる. したがって, 固有値 $-n^\beta$ に対応する固有空間は $\mathcal{H}_n$ に一致する.

$\lambda \notin \{-n^\beta \mid n \in \mathbb{Z}_+\}$ がレゾルベントに属することを次に見よう. そこで

$$(2.47) \qquad (\lambda - L^{(\beta)})^{-1} = \sum_{n=0}^{\infty} \frac{1}{\lambda + n^\beta} J_n = \sum_{n=0}^{\infty} \frac{1/n^\beta}{\lambda(1/n^\beta)+1} J_n$$

および $x/(\lambda x+1)$ が $x=0$ の近傍で解析的であることに注意して, 定理 2.20 を用いれば $(\lambda - L^{(\beta)})^{-1}$ は有界となる. これはすなわち λ がレゾルベントに属していることを意味する. ∎

上のレゾルベント λ は $\mathbb{R}$ の元でなければ意味がない. それは $L^p(B,\mu)$ の係数体を実数体で考えているためで, これを複素数値の関数として考え直せば, レゾルベントは $\mathbb{C}$ の範囲で考えることができ, この場合でも命題 2.21 は成立する.

今まではすべて実数値の関数を考えてきた. すなわち, $\{T_t\}$ や L などは $L^p(B,\mu)$ 上の作用素であったわけだが, 任意の可分 Hilbert 空間に値をとる関数についても同様のことが成立する. そこで K を可分 Hilbert 空間とする. 以下出てくる Hilbert 空間は, $\mathcal{L}_{(2)}^n(H;K)$ (あるいはその閉部分空間) の形のものがほとんどであるのでその場合を論じておく.

まず, $L^p(B,\mu;\mathcal{L}_{(2)}^n(H;K))$ は $\mathcal{L}_{(2)}^n(H;K)$-値可測関数 F で

$$\|F\|_p = \left\{\int_B |F(x)|_{\text{HS}}^p \mu(dx)\right\}^{1/p} < \infty$$

となるもの全体である. いつものように a.e. (ほとんどいたるところの意) で

等しいものは同一視してある.

$\{T_t\}$ は $F \in L^p(B, \mu; \mathcal{L}_{(2)}^n(H; K))$ に対しても(2.5)で定めればよい. ただし積分は Bochner 積分である. $\{T_t\}$ が $L^p(B, \mu; \mathcal{L}_{(2)}^n(H; \mathbb{R}))$ 上の縮小半群であることなど命題 2.4 以後のことはすべて成立する. ただしいくつか必要な概念は $\mathcal{L}_{(2)}^n(H; \mathbb{R})$-値のものに対しても拡張しておく必要がある.

$\mathcal{P}(\mathcal{L}_{(2)}^n(H; \mathbb{R}))$ は, 次のように表わされる $F: B \to \mathcal{L}_{(2)}^n(H; \mathbb{R})$ の全体である:$\exists N \in \mathbb{N}$, $\exists F^{(i_1, \cdots, i_n)} \in \mathcal{P}$, $i_1, \cdots, i_n = 1, \cdots, N$, $\exists \varphi_1, \cdots, \varphi_n \in B^*$ に対し,

$$(2.48) \quad F(x) = \sum_{i_1, \cdots, i_n = 1}^{N} F^{(i_1, \cdots, i_n)}(x) \iota^* \varphi_{i_1} \otimes \cdots \otimes \iota^* \varphi_{i_n}.$$

同様に, $\mathcal{S}(\mathcal{L}_{(2)}^n(H; \mathbb{R}))$, $\mathcal{S}_0(\mathcal{L}_{(2)}^n(H; \mathbb{R}))$ が定義できる. また(2.48)で定義される関数については,

$$T_t^{(\beta)} F(x) = \sum_{i_1, \cdots, i_n = 1}^{N} T_t^{(\beta)} F^{(i_1, \cdots, i_n)}(x) \iota^* \varphi_{i_1} \otimes \cdots \otimes \iota^* \varphi_{i_n},$$

$$L^{(\beta)} F(x) = \sum_{i_1, \cdots, i_n = 1}^{N} L^{(\beta)} F^{(i_1, \cdots, i_n)}(x) \iota^* \varphi_{i_1} \otimes \cdots \otimes \iota^* \varphi_{i_n}$$

が成立する.

$L^{(\beta)}$ の固有空間となる重複 Wiener 積分の空間 $\mathcal{H}_k(\mathcal{L}_{(2)}^n(H; \mathbb{R}))$ は
$$\{\mathbf{H}_a(x) \iota^* \varphi_1 \otimes \cdots \otimes \iota^* \varphi_n; |a| = k, \varphi_1, \cdots, \varphi_n \in B^*\}$$
の有限 1 次結合の閉包で定める. この場合も核表現をもち, $A \in \mathcal{SL}_{(2)}^k(H; \mathcal{L}_{(2)}^n(H; \mathbb{R}))$ に対して, $I_k(A) \in \mathcal{H}_k(\mathcal{L}_{(2)}^n(H; \mathbb{R}))$ が 1 対 1 に対応することも同じである. $F: B \to \mathcal{L}_{(2)}^n(H; \mathbb{R})$ の H-微分も定義 2.6 と同じで, k 階微分 $D^k F(x)$ は $\mathcal{L}^k(H; \mathcal{L}_{(2)}^n(H; \mathbb{R}))$ の元として定まる. 特に, 以後では Hilbert-Schmidt クラスのものだけに限るので $D^k F(x) \in \mathcal{L}_{(2)}^k(H; \mathcal{L}_{(2)}^n(H; \mathbb{R}))$ とみなす. ここで, $\mathcal{L}_{(2)}^k(H; \mathcal{L}_{(2)}^n(H; \mathbb{R}))$ は $\mathcal{L}_{(2)}^{k+n}(H; \mathbb{R})$ と同型だから, この意味で $D^k F$ を帰納的に定めていくこともできる. いずれにしても, 基本になる関数族 $\mathcal{P}$ や $\mathcal{S}$ についてはすべて同じになることは明らかである. あとの§4.2 でこうした関数族に各種のノルムを入れて完備化し, D の定義を拡張していく.

《 要 約 》

2.1 抽象 Wiener 空間上の Ornstein–Uhlenbeck 過程の構成.

2.2 Ornstein–Uhlenbeck 半群の表現と基本的性質. Ornstein–Uhlenbeck 作用素 L および H-微分 D の表現.

2.3 L の固有関数としての Fourier–Hermite 多項式,重複 Wiener 積分.

2.4 Ornstein–Uhlenbeck 半群に対する超縮小性と対数 Sobolev 不等式.

2.5 乗法作用素の L^p での連続性. ここでは超縮小性の応用として十分条件を与えた.

3 Littlewood–Paley–Stein の不等式

　この章では Malliavin 解析で基本的な働きをする Littlewood–Paley–Stein の不等式を証明する．古典的には Euclid 空間やトーラス上の Laplace 作用素 $\triangle$ に関連した Littlewood–Paley 理論として知られているものを Wiener 空間上で展開する．Stein による解析的な一般化が知られているが，ここでは P. A. Meyer や D. Bakry による確率論的なアプローチをとる．マルチンゲール理論や伊藤の公式など確率解析の手法の有効性が発揮される．

§3.1 基本的な不等式

　この節では，Littlewood–Paley-Stein の不等式を証明するために確率論からの準備をする．ここで扱うのは Burkholder の不等式と最大エルゴード不等式である．

(a) Burkholder の不等式

　ここでは，$\mathbb{R}^d$-値のマルチンゲールを考える．ただし，(M_t) が $\mathbb{R}^d$-値のマルチンゲールであるとは，$M_t = (M_t^1, \cdots, M_t^d)$ と成分で表わしたとき，(M_t^i) がマルチンゲールであるときと定める．同様に，局所2乗可積分マルチンゲールも，成分ごとに定める．また，$\langle M^i, M^j \rangle_t$ で $(M_t^i M_t^j - \langle M^i, M^j \rangle_t)$ が局所マルチンゲールとなるような有界変動の確率過程を表わすものとする．ただ

し $\langle M^i, M^j \rangle_0 = 0$ である．さらに，$(M_t), (N_t)$ と $\mathbb{R}^d$-値局所 2 乗可積分マルチンゲールが与えられたとき

$$\langle M, N \rangle_t = \sum_{i=1}^{d} \langle M^i, N^i \rangle_t$$

と定める．これは $((M_t, N_t) - \langle M, N \rangle_t)$ が局所マルチンゲールとなるものとして特徴づけられる．ただし，$(,)$ は Euclid の内積である．(M_t^*) で最大値を表わすことにする：

$$M_t^* = \sup_{0 \leq s \leq t} |M_s|.$$

さてこのとき，次の定理は **Burkholder の不等式**としてよく知られているものである．

定理 3.1 $0 < p < \infty$ に対し，定数 c_p, C_p が存在し（この定数は d にはよらない），すべての $\mathbb{R}^d$-値局所 2 乗可積分な連続マルチンゲール (M_t) で，$M_0 = 0$ となるものに対し，

(3.1) $$c_p E[M_t^{*p}] \leq E[\langle M, M \rangle_t^{p/2}] \leq C_p E[M_t^{*p}]$$

が成立する．

[証明] 停止時刻を考えることにより (M_t) が有界な場合を示せば十分である．$\langle M, M \rangle$ を A と書く．$(|M_t|)$ が非負劣マルチンゲールであることに注意しよう．したがって Doob の不等式（[5] 定理 3.11）から $p > 1$ に対し，

(3.2) $$E[M_t^{*p}] \leq \left(\frac{p}{p-1}\right)^p E[|M_t|^p]$$

が成立する．以下 p によって場合分けを行なう．

(1) $p = 2$ の場合．

$$E[\langle M, M \rangle_t] = E[|M_t|^2]$$

であるから，(3.2) に注意して，$c_p = 1/4, C_p = 1$ として (3.1) が成立する．

(2) $p > 2$ の場合．

$|x|^p$ が C^2 級の関数で，

$$\frac{\partial}{\partial x^i} |x|^p = p|x|^{p-2} x^i, \quad \frac{\partial^2}{\partial x^i \partial x^j} |x|^p = p(p-2)|x|^{p-4} x^i x^j + p|x|^{p-2} \delta_{ij}$$

に注意すれば,伊藤の公式から

$$|M_t|^p = \sum_{i=1}^d \int_0^t p|M_s|^{p-2} M_s^i \, dM_s^i$$
$$+ \frac{1}{2} \sum_{i,j=1}^d \int_0^t p(p-2)|M_s|^{p-4} M_s^i M_s^j \, d\langle M^i, M^j\rangle_s$$
$$+ \frac{1}{2} \sum_{i=1}^d \int_0^t p|M_s|^{p-2} \, d\langle M^i, M^i\rangle_s$$

を得る.ここで平均をとれば,

$$E[|M_t|^p] = \frac{1}{2}p(p-2) \sum_{i,j=1}^d E\Big[\int_0^t |M_s|^{p-4} M_s^i M_s^j \, d\langle M^i, M^j\rangle_s\Big]$$
$$+ \frac{1}{2}pE\Big[\int_0^t |M_s|^{p-2} \, dA_s\Big].$$

一方,国田–渡辺の不等式および Schwarz の不等式から

$$\sum_{i,j=1}^d \Big|E\Big[\int_0^t |M_s|^{p-4} M_s^i M_s^j \, d\langle M^i, M^j\rangle_s\Big]\Big|$$
$$\leqq \sum_{i,j=1}^d E\Big[\Big\{\int_0^t |M_s|^{p-4} (M_s^i)^2 \, d\langle M^j, M^j\rangle_s\Big\}^{1/2}$$
$$\times \Big\{\int_0^t |M_s|^{p-4} (M_s^j)^2 \, d\langle M^i, M^i\rangle_s\Big\}^{1/2}\Big]$$
$$\leqq \sum_{i,j=1}^d \Big\{E\Big[\int_0^t |M_s|^{p-4} (M_s^i)^2 \, d\langle M^j, M^j\rangle_s\Big]\Big\}^{1/2}$$
$$\times \Big\{E\Big[\int_0^t |M_s|^{p-4} (M_s^j)^2 \, d\langle M^i, M^i\rangle_s\Big]\Big\}^{1/2}$$
$$\leqq \Big\{\sum_{i,j=1}^d E\Big[\int_0^t |M_s|^{p-4} (M_s^i)^2 \, d\langle M^j, M^j\rangle_s\Big]\Big\}^{1/2}$$
$$\times \Big\{\sum_{i,j=1}^d E\Big[\int_0^t |M_s|^{p-4} (M_s^j)^2 \, d\langle M^i, M^i\rangle_s\Big]\Big\}^{1/2}$$
$$= E\Big[\int_0^t |M_s|^{p-2} \, dA_s\Big]$$

となり,結局

$$E[|M_t|^p] \leq \frac{1}{2}p(p-1)E\Big[\int_0^t |M_s|^{p-2}\,dA_s\Big]$$

$$\leq \frac{1}{2}p(p-1)E[(M_t^*)^{p-2}A_t]$$

$$\leq \frac{1}{2}p(p-1)E[(M_t^*)^p]^{1-2/p}E[A_t^{p/2}]^{2/p}.$$

したがって，(3.2)と合わせれば

$$E[(M_t^*)^p] \leq \Big(\frac{p}{p-1}\Big)^p E[|M_t|^p]$$

$$\leq \Big(\frac{p}{p-1}\Big)^p \frac{1}{2}p(p-1)E[(M_t^*)^p]^{1-2/p}E[A_t^{p/2}]^{2/p}$$

となり，

$$E[(M_t^*)^p] \leq \Big\{\Big(\frac{p}{p-1}\Big)^p \frac{1}{2}p(p-1)\Big\}^{p/2} E[A_t^{p/2}]$$

を得て，(3.1)の左側の不等号が示せた．他方を示すために

$$N_t^i = \int_0^t A_s^{(p-2)/4}\,dM_s^i, \quad i=1,\cdots,d$$

とおき，$N_t = (N_t^1, \cdots, N_t^d)$ とする．このとき，

$$\frac{p}{2}\langle N, N\rangle_t = \frac{p}{2}\int_0^t A_s^{(p-2)/2}\,dA_s = A_t^{p/2}$$

となり，したがって

$$E[A_t^{p/2}] = \frac{p}{2}E[|N_t|^2]$$

を得る．そこで伊藤の公式から

$$M_t^i A_t^{(p-2)/4} = \int_0^t A_s^{(p-2)/4}\,dM_s^i + \int_0^t M_s^i\,d(A_s^{(p-2)/4})$$

$$= N_t^i + \int_0^t M_s^i\,d(A_s^{(p-2)/4}).$$

したがって

$$|N_t| \leq 2M_t^* A_t^{(p-2)/4}$$

が得られる．以上のことから

$$\frac{2}{p}E[A_t^{p/2}] = E[|N_t|^2] \leqq 4E[M_t^{*2}A_t^{(p-2)/2}] \leqq 4E[M_t^{*p}]^{2/p}E[A_t^{p/2}]^{1-2/p}.$$

したがって

$$E[A_t^{p/2}] \leqq (2p)^{p/2}E[M_t^{*p}].$$

(3) $0 < p < 2$ の場合．

$$N_t^i = \int_0^t A_s^{(p-2)/4}dM_s^i, \quad i=1,\cdots,d$$

とおき，$N_t = (N_t^1, \cdots, N_t^d)$ とする．(2)の場合と同様に $E[A_t^{p/2}] = (p/2)E[|N_t|^2]$ である．また $M_t^i = \int_0^t A_s^{(2-p)/4}dN_s^i, \; i=1,\cdots,d$ も明らかだろう．そこで，伊藤の公式から

$$N_t^i A_t^{(2-p)/4} = \int_0^t A_s^{(2-p)/4}dN_s^i + \int_0^t N_s^i d(A_s^{(2-p)/4})$$
$$= M_t^i + \int_0^t N_s^i d(A_s^{(2-p)/4})$$

となり，このことから $|M_t| \leqq 2N_t^* A_t^{(2-p)/4}$ が容易に得られ，結局
$$M_t^* \leqq 2N_t^* A_t^{(2-p)/4}$$

を得る．よって Hölder の不等式から

$$E[M_t^{*p}] \leqq 2^p E[N_t^{*p} A_t^{p(2-p)/4}]$$
$$\leqq 2^p E[N_t^{*2}]^{p/2} E[A_t^{p/2}]^{1-p/2}$$
$$\leqq 2^p 4^{p/2} E[|N_t|^2]^{p/2} E[A_t^{p/2}]^{1-p/2}$$
$$= 4^p (2/p)^{p/2} E[A_t^{p/2}]^{p/2} E[A_t^{p/2}]^{1-p/2}$$
$$= (32/p)^{p/2} E[A_t^{p/2}].$$

最後に逆向きの不等式を示そう．$\alpha > 0$ を任意にとり，自明な等式
$$A_t^{p/2} = \{A_t^{p/2}(\alpha + M_t^*)^{-p(2-p)/2}\}(\alpha + M_t^*)^{p(2-p)/2}$$

に Hölder の不等式を用いて

$$E[A_t^{p/2}] \leqq E[A_t(\alpha+M_t^*)^{p-2}]^{p/2} E[(\alpha+M_t^*)^p]^{(2-p)/2}.$$

ここで $N_t = (N_t^1, \cdots, N_t^d)$ を

第 3 章 Littlewood–Paley–Stein の不等式

$$N_t^i = \int_0^t (\alpha + M_s^*)^{(p-2)/2} dM_s^i, \quad i = 1, \cdots, d$$

で定めれば

$$\langle N, N \rangle_t = \int_0^t (\alpha + M_s^*)^{p-2} dA_s \geq A_t (\alpha + M_t^*)^{p-2}.$$

ここで伊藤の公式から

$$M_t^i (\alpha + M_t^*)^{(p-2)/2} = \int_0^t (\alpha + M_s^*)^{(p-2)/2} dM_s^i + \int_0^t M_s^i d\{(\alpha + M_s^*)^{(p-2)/2}\}$$
$$= N_t^i + \frac{p-2}{2} \int_0^t M_s^i (\alpha + M_s^*)^{(p-4)/2} dM_s^*$$

となり,

$$|N_t| \leq M_t^{*p/2} + \frac{2-p}{2} \int_0^t M_s^{*(p-2)/2} dM_s^* = \frac{2}{p} M_t^{*p/2}$$

を得る. したがって, $E[|N_t|^2] \leq (4/p^2) E[M_t^{*p}]$ となる. よって

$$E[A_t^{p/2}] \leq E[\langle N, N \rangle_t]^{p/2} E[(\alpha + M_t^*)^p]^{(2-p)/2}$$
$$\leq (4/p^2)^{p/2} E[M_t^{*p}]^{p/2} E[(\alpha + M_t^*)^p]^{(2-p)/2}.$$

ここで $\alpha \downarrow 0$ とすれば

$$E[A_t^{p/2}] \leq (2/p)^p E[M_t^{*p}]$$

と求める結果を得る. ∎

上の定理で, c_p, C_p が次元 d によらないことから, (3.1)は(可分)Hilbert 空間に値をとる局所マルチンゲールについて成立する. ただし $\langle M, M \rangle$ は $\langle M, M \rangle_0 = 0$ で $|M_t|^2 - \langle M, M \rangle_t$ が局所マルチンゲールとなる非減少な確率過程として特徴づけられるものである.

Burkholder の不等式に関連して, **劣マルチンゲール**(submartingale)に関する簡単な不等式を示しておく. この不等式はあとで Littlewood–Paley–Stein の不等式を証明するときに使う.

命題 3.2 劣マルチンゲール (Z_t), $t \in [0, \infty]$ が
$$Z_t = M_t + A_t$$

のようにマルチンゲール (M_t) と増加過程 (A_t) の和に表わされているとする.さらに,(M_t) は右連続で左極限を持ち,(A_t) に対しては $A_0=0$ かつ連続で,$A_\infty = \lim_{t\uparrow\infty} A_t$ であるとする.このとき $p\geqq 1$ に対し

(3.3) $$E[A_\infty^p] \leqq (2p)^p E[Z_\infty^{*p}]$$

が成立する.ここで

$$Z_t^* = \sup_{s\leqq t}|Z_s|.$$

[証明] $p=1$ の場合は明らかだから $p>1$ の場合を示す.また $E[A_\infty]>0$ としてよい.まず $X\in L_+^1$ に対し

(3.4) $$E[(A_\infty - x)1_{\{A_\infty > x\}}] \leqq E[X1_{\{A_\infty > x\}}], \quad \forall x>0$$

ならば

(3.5) $$E[A_\infty^p] \leqq pE[XA_\infty^{p-1}]$$

が成立することを示そう.

$$\begin{aligned}E[A_\infty^p] &= E[A_\infty A_\infty^{p-1}] \\ &= E\Big[A_\infty \int_0^{A_\infty} (p-1)x^{p-2}dx\Big] \\ &= (p-1)\int_0^\infty x^{p-2}E[A_\infty 1_{\{A_\infty > x\}}]dx \\ &\leqq (p-1)\int_0^\infty x^{p-2}E[X1_{\{A_\infty > x\}} + x1_{\{A_\infty > x\}}]dx \\ &= E\Big[X\int_0^{A_\infty}(p-1)x^{p-2}dx\Big] + E\Big[\int_0^{A_\infty}(p-1)x^{p-1}dx\Big] \\ &= E[XA_\infty^{p-1}] + \frac{p-1}{p}E[A_\infty^p]\end{aligned}$$

であるから移項して

$$\Big(1-\frac{p-1}{p}\Big)E[A_\infty^p] = \frac{1}{p}E[A_\infty^p] \leqq E[XA_\infty^{p-1}].$$

したがって (3.5) が得られた.

さてもとにもどって Doob の任意抽出定理より停止時刻 τ に対して

$$E[M_\infty | \mathcal{F}_\tau] = M_\tau$$

が成立する．ここで $\{\tau<\infty\}\in\mathcal{F}_\tau$ より
$$E[(M_\infty-M_\tau)1_{\{\tau<\infty\}}]=0$$
が従い，よって
$$E[(A_\infty-A_\tau)1_{\{\tau<\infty\}}] = E[(Z_\infty-Z_\tau)1_{\{\tau<\infty\}}]$$
$$\leqq 2E[Z_\infty^* 1_{\{\tau<\infty\}}].$$
いま停止時刻として $\forall x>0$ に対し
$$\tau=\inf\{t\geqq 0\,;\,A_t>x\}$$
とおくと $\tau<\infty$ のとき $A_\tau=x$ であり，$\{\tau<\infty\}=\{A_\infty>x\}$ が成立するから
$$E[(A_\infty-x)1_{\{A_\infty>x\}}] = E[(A_\infty-A_\tau)1_{\{\tau<\infty\}}]$$
$$\leqq 2E[Z_\infty^* 1_{\{\tau<\infty\}}]$$
$$= 2E[Z_\infty^* 1_{\{A_\infty>x\}}].$$
よって(3.4)が $X=2Z_\infty^*$ として成立するから上の結果が使えて
$$E[A_\infty^p]\leqq 2pE[Z_\infty^* A_\infty^{p-1}].$$
ここで $\dfrac{1}{p}+\dfrac{p-1}{p}=1$ だから Hölder の不等式を用いて
$$E[A_\infty^p]\leqq 2pE[Z_\infty^{*p}]^{1/p}E[(A_\infty^{p-1})^{p/(p-1)}]^{(p-1)/p}.$$
両辺を $E[(A_\infty^{p-1})^{p/(p-1)}]^{(p-1)/p}$ で割って
$$E[A_\infty^p]^{1/p}\leqq 2pE[Z_\infty^{*p}]^{1/p}$$
となり求める結果を得る． ∎

(M_t) を $M_0=0$ であるマルチンゲールとすれば $(|M_t|^2)$ は劣マルチンゲールで $|M_t|^2=\tilde{M}_t+\langle M\rangle_t$ と Doob–Meyer 分解できる．ただし $\langle M\rangle=\langle M,M\rangle$ である．このとき，上の命題を用いれば，$p\geqq 2$ に対し
$$E[\langle M\rangle_t^{p/2}]\leqq p^{p/2}E[M_t^{*p}]$$
を得る．これは Burkholder の不等式の特別な場合である．

(b) 最大エルゴード不等式

ここでもう一つ基本的な最大エルゴード不等式を示しておく．これは一般に対称な拡散過程に対して成立するが，ここでは抽象 Wiener 空間 (B,H,μ)

上の Ornstein–Uhlenbeck 過程について示す.

$C([0,\infty)\to B)$ の位相的 σ-加法族を $\mathcal{F}$, また $\mathcal{F}_t$, $\mathcal{G}_t$ $(t\geqq 0)$ を次で定まる部分 σ-加法族とする:
$$\mathcal{F}_t = \sigma\{X_s; s\leqq t\},$$
$$\mathcal{G}_t = \sigma\{X_s; s\geqq t\}.$$

ただし, X_s は $X\in C([0,\infty)\to B)$ の $s\in[0,\infty)$ における値である. また $\{T_t\}$ を (2.5) で定まる Ornstein–Uhlenbeck 半群とする. ただし, 前章の終わりに注意したように半群は Hilbert 空間 K に値をとる関数に作用しているとする. このとき次のことが成立する (G. C. Rota による).

定理 3.3 K を可分 Hilbert 空間, $f\in\mathcal{P}(K)$ に対し,

(3.6) $$f^{\times}(x) = \sup_{t\geqq 0}|T_t f(x)|$$

とおくとき, $1<p<\infty$ に対し

(3.7) $$\|f^{\times}\|_p \leqq \frac{p}{p-1}\|f\|_p.$$

[証明] f のかわりに $|f|$ をとることにより, $K=\mathbb{R}$ のときを示せば十分である. P_x を §2.1 で定めた $C([0,\infty)\to B)$ 上の測度とし, P_μ を

$$P_\mu = \int_B P_x \mu(dx)$$

で定める. P_μ に関する積分を E_μ で表わす. まず

(3.8) $$E_\mu[f(X_0)|\mathcal{G}_t] = T_t f(X_t) \quad P_\mu\text{-a.e.}$$

が成立することを示そう. B 上の可測関数 $f_0, f_1, \cdots, f_n$ および分点 $0<t<t_1<\cdots<t_n$ を任意にとるとき, 一般に $\int_B T_t g(x)h(x)\mu(dx) = \int_B g(x)T_t h(x)\mu(dx)$ が成立することに注意して,

$$E_\mu[f(X_0)f_0(X_t)f_1(X_{t_1})\cdots f_n(X_{t_n})]$$
$$= E_\mu[f(X_0)f_0(X_t)f_1(X_{t_1})\cdots f_{n-1}(X_{t_{n-1}})T_{t_n-t_{n-1}}f_n(X_{t_{n-1}})]$$
$$= E_\mu[f(X_0)f_0(X_t)f_1(X_{t_1})\cdots$$
$$\qquad f_{n-2}(X_{t_{n-2}})T_{t_{n-1}-t_{n-2}}(f_{n-1}T_{t_n-t_{n-1}}f_n)(X_{t_{n-2}})]$$

$$= \int_B f(x)T_t(f_0 T_{t_1-t}(f_1\cdots(f_{n-1}T_{t_n-t_{n-1}}f_n)\cdots))(x)\mu(dx)$$
$$= \int_B T_tf(x)f_0(x)T_{t_1-t}(f_1\cdots(f_{n-1}T_{t_n-t_{n-1}}f_n)\cdots)(x)\mu(dx)$$
$$= E_\mu[T_tf(X_t)f_0(X_t)f_1(X_{t_1})\cdots f_n(X_{t_n})].$$

これから(3.8)がわかる.

上のことは $\{T_tf(X_t)\}$ が $(\mathcal{G}_t)$-マルチンゲールであることを意味している (ただし, t は逆向きに見ている). 半群 $\{T_t\}$ の具体的な表現(2.5)を見れば $(T_tf(X_t))$ は t に関して連続でもあるから, 連続マルチンゲールである. また
$$E_\mu[T_tf(X_t)|\mathcal{F}_0] = T_{2t}f(X_0)$$
であるから, $M_t = T_tf(X_t)$ とおけば
$$|T_{2t}f(X_0)| \leqq E_\mu[|M_t||\mathcal{F}_0]$$
$$\leqq E_\mu\left[\sup_{t\geqq 0}|M_t|\Big|\mathcal{F}_0\right] \quad P_\mu\text{-a.e.}$$

ここで $T_{2t}f$ が t について連続であることを用いれば,
$$f^\times(X_0) \leqq E_\mu\left[\sup_{t\geqq 0}|M_t|\Big|\mathcal{F}_0\right] \quad P_\mu\text{-a.e.}$$

が得られる. よって, あとは Doob のマルチンゲール不等式より
$$\|f^\times\|_p^p = E_\mu[f^\times(X_0)^p]$$
$$\leqq E_\mu\left[\left|E_\mu\left[\sup_{t\geqq 0}|M_t|\Big|\mathcal{F}_0\right]\right|^p\right]$$
$$\leqq E_\mu\left[\sup_{t\geqq 0}|M_t|^p\right]$$
$$\leqq \left(\frac{p}{p-1}\right)^p E_\mu[|M_0|^p]$$
$$= \left(\frac{p}{p-1}\right)^p E_\mu[|f(X_0)|^p]$$
$$= \left(\frac{p}{p-1}\right)^p \|f\|_p^p.$$

これが示すべきことであった.

§3.2　Littlewood–Paley–Stein の不等式

前節で，基本的な道具立てが揃ったので，この章の主題である，Littlewood–Paley–Stein の不等式を論じよう．

(a)　Littlewood–Paley の G-関数

今まで通り，(B, H, μ) を抽象 Wiener 空間，K を可分 Hilbert 空間とする．§2.1 において Ornstein–Uhlenbeck 半群 $\{T_t\}$ を $L^p(B, \mu; K)$ 上の作用素として導入したが，

$$(3.9) \qquad T_t^{(\alpha)} = e^{-\alpha t} T_t$$

とすれば，$\{T_t^{(\alpha)}\}$ の生成作用素は $L - \alpha$ となる．さらに半群 $\{Q_t^{(\alpha)}\}$ を

$$(3.10) \qquad Q_t^{(\alpha)} = \int_0^\infty T_s^{(\alpha)} \lambda_t^{(1/2)}(ds) = \int_0^\infty e^{-\alpha s} T_s \lambda_t^{(1/2)}(ds)$$

で定める．ここに $\lambda_t^{(1/2)}$ は (2.35) で定めた測度 $\lambda_t^{(\beta)}$ で $\beta = \dfrac{1}{2}$ としたものである．以下 $\lambda_t^{(1/2)}$ のことを単に λ_t と書く．Laplace 変換を再記すれば

$$(3.11) \qquad \int_0^\infty e^{-\gamma s} \lambda_t(ds) = e^{-\sqrt{\gamma} t}.$$

したがって $\alpha = 0$ の場合の $Q_t^{(0)}$ は §2.2 で Q_t と記した Cauchy 半群のことである．α をパラメータとして動かしたいので，$Q_t^{(\alpha)}$ を導入するのである．

$Q_t^{(\alpha)}$ は次のように積分核で表現することができる．

$$(3.12) \qquad Q_t^{(\alpha)} F(x) = \int_B F(y) Q_t^{(\alpha)}(x, dy).$$

ただし，$Q_t^{(\alpha)}(x, dy)$ は次で定まる測度である：

$$(3.13) \qquad Q_t^{(\alpha)}(x, dy) = \int_0^\infty e^{-\alpha s} P_s(x, dy) \lambda_t(ds).$$

$Q_t^{(\alpha)}(x, dy)$ は $\alpha = 0$ のときは確率測度であるが $\alpha > 0$ のときは $Q_t^{(\alpha)}(x, B) = e^{-\sqrt{\alpha} t} < 1$ となる．また $Q_t^{(\alpha)} F(x)$ を $Q_t^{(\alpha)}(x, F)$ とも書く．さらに $F \in L^p(B, \mu; K)$ に対し，

$$(3.14) \qquad \|Q_t^{(\alpha)} F\|_p \leqq e^{-\sqrt{\alpha} t} \|F\|_p$$

も $Q_t^{(\alpha)}$ の定め方から明らかだろう.このような半群 $\{Q_t^{(\alpha)}\}$ の生成作用素は $-\sqrt{\alpha-L}$ と形式的に書くことができる.L^2 の場合まさしくそうなっていることはスペクトル分解をしてみれば容易にわかる.そこで $p \neq 2$ の場合も,$-\sqrt{\alpha-L}$ で $\{Q_t^{(\alpha)}\}$ の生成作用素を表わすことにする.

さて,$f \in \mathcal{P}(K)$ に対し,

$$(3.15) \qquad g_f^-(x,t) = \Big| \frac{\partial}{\partial t} Q_t^{(\alpha)}(x,f) \Big|_K,$$

$$(3.16) \qquad g_f^|(x,t) = |DQ_t^{(\alpha)}(x,f)|_{\mathrm{HS}},$$

$$(3.17) \qquad g_f(x,t) = \sqrt{g_f^-(x,t)^2 + g_f^|(x,t)^2}$$

と定める.ただし,$g_f^|$ の定義において $|DQ_t^{(\alpha)}(x,f)|_{\mathrm{HS}}$ の D は x に関する H-微分を表わし,ノルムは $\mathcal{L}_{(2)}(H;K)$ の元としての Hilbert–Schmidt ノルムである.また,g_f^-,$g_f^|$,g_f はすべて α に依存するが,以下当分の間 α は固定して特に明記しない.これからさらに

$$(3.18) \qquad G_f^-(x) = \Big\{ \int_0^\infty t g_f^-(x,t)^2 dt \Big\}^{1/2},$$

$$(3.19) \qquad G_f^|(x) = \Big\{ \int_0^\infty t g_f^|(x,t)^2 dt \Big\}^{1/2},$$

$$(3.20) \qquad G_f(x) = \Big\{ \int_0^\infty t g_f(x,t)^2 dt \Big\}^{1/2}$$

と定める.

(b) Littlewood–Paley–Stein の不等式

Littlewood–Paley–Stein の不等式とは,G_f,G_f^-,$G_f^|$ と f との L^p-ノルムの関係を論じたものである.まず記号の約束をしておく.以下 p にだけ依存する定数が数多く出てくるので煩わしさを避けるために,$\|f\|_p \leq c_p \|G_f\|_p$ となるような定数 c_p が存在するとき,簡単に

$$\|f\|_p \lesssim \|G_f\|_p$$

と書く.こうした定数は p だけに依存し,$f \in \mathcal{P}(K)$,K には依存しない.さらにあとで出てくるパラメータ N にもよらない.またこの節の範囲では α

にも無関係にとれるのだが，そのことはあとで必要になることはない．

さてこの節の主定理を述べよう．

定理 3.4 $1<p<\infty$ のとき $\forall f \in \mathcal{P}(K)$ に対し，まず $\alpha>0$ のとき

$$\|G_f\|_p \lesssim \|f\|_p, \tag{3.21}$$

$$\|f\|_p \lesssim \|G_f^{\rightarrow}\|_p \tag{3.22}$$

が成立する．さらに，$\alpha = 0$ の場合は

$$\|G_f\|_p \lesssim \|f - J_0 f\|_p, \tag{3.23}$$

$$\|f - J_0 f\|_p \lesssim \|G_f^{\rightarrow}\|_p, \tag{3.24}$$

$$\|f - J_0 f\|_p \lesssim \|G_f^{\uparrow}\|_p \tag{3.25}$$

が成立する． □

上の定理では $\alpha>0$ のときの $G_f^{\uparrow}$ に対する下からの評価がないが，Ornstein–Uhlenbeck 過程の特殊性を使って結果的には $G_f^{\uparrow}$ に対しても (3.22) と同様の評価が成り立つ (例題 3.14 を見よ)．以下この定理の証明をいくつか命題を積み重ねて証明していく．

(c) $p=2$ の場合 (スペクトル分解を用いて)

まず $p=2$ の場合に $G_f^{\rightarrow}$ に対して等号が成立することを見よう．$-L$ は $L^2(B, \mu; K)$ 上の非負自己共役な作用素であるから

$$-L = \int_0^\infty \lambda \, dE_\lambda \tag{3.26}$$

とスペクトル分解できる．ただし，$\{E_\lambda\}$ は右連続な単位の分解である．明らかに，$\mathcal{H}_n(K)$ への射影作用素 J_n は $E_n - E_{n-}$ に等しい．さてこの $\{E_\lambda\}$ を用いれば

$$T_t^{(\alpha)} = \int_0^\infty e^{-(\lambda+\alpha)t} dE_\lambda, \tag{3.27}$$

$$Q_t^{(\alpha)} = \int_0^\infty e^{-\sqrt{\lambda+\alpha}\,t} dE_\lambda \tag{3.28}$$

と表わされることは明らかだろう.したがって

(3.29) $$\frac{\partial}{\partial t}Q_t^{(\alpha)} = -\int_0^\infty \sqrt{\lambda+\alpha}\, e^{-\sqrt{\lambda+\alpha}\,t}dE_\lambda$$

が成立する.

命題 3.5 次の等式が成立する.まず $\alpha > 0$ のときは

(3.30) $$2\|G_f^\rightarrow\|_2 = \|f\|_2, \quad \forall f \in \mathcal{P}(K).$$

また $\alpha = 0$ のときは

(3.31) $$2\|G_f^\rightarrow\|_2 = \|f - J_0 f\|_2, \quad \forall f \in \mathcal{P}(K),$$

(3.32) $$2\|G_f^\uparrow\|_2 = \|f - J_0 f\|_2, \quad \forall f \in \mathcal{P}(K)$$

が成立する.

[証明] まず

$$\begin{aligned}
\|G_f^\rightarrow\|_2^2 &= \int_B \mu(dx)\int_0^\infty t\Big|\frac{\partial}{\partial t}Q_t^{(\alpha)}(x,f)\Big|_K^2 dt \\
&= \int_0^\infty t\Big\|\frac{\partial}{\partial t}Q_t^{(\alpha)}f\Big\|_2^2 dt \\
&= \int_0^\infty t\,dt \int_0^\infty (\lambda+\alpha)e^{-2\sqrt{\lambda+\alpha}\,t}d(E_\lambda f, f) \\
&= \int_0^\infty \Big\{\int_0^\infty t(\lambda+\alpha)e^{-2\sqrt{\lambda+\alpha}\,t}dt\Big\}d(E_\lambda f, f).
\end{aligned}$$

ここで

$$\int_0^\infty t(\lambda+\alpha)e^{-2\sqrt{\lambda+\alpha}\,t}dt = \begin{cases} \dfrac{1}{4} & \lambda+\alpha > 0, \\ 0 & \lambda+\alpha = 0 \end{cases}$$

に注意すれば

$$\|G_f^\rightarrow\|_2^2 = \begin{cases} \dfrac{1}{4}\|f\|_2^2 & \alpha > 0, \\ \dfrac{1}{4}\|f - J_0 f\|_2^2 & \alpha = 0 \end{cases}$$

が従う.

次に,G_f^{I} に関しては
$$\begin{aligned}
\|G_f^{\mathrm{I}}\|_2^2 &= \int_B \mu(dx) \int_0^\infty t|DQ_t^{(\alpha)}(x,f)|_{\mathrm{HS}}^2 dt \\
&= \int_0^\infty t\,dt \int_B |DQ_t^{(\alpha)}(x,f)|_{\mathrm{HS}}^2 \mu(dx) \\
&= \int_0^\infty t\,dt \int_B (-L(Q_t^{(\alpha)}f)(x), Q_t^{(\alpha)}(x,f))_K\, \mu(dx) \\
&= \int_0^\infty t\,dt \int_0^\infty \lambda e^{-2\sqrt{\lambda+\alpha}\,t} d(E_\lambda f, f) \\
&= \int_{0+}^\infty \frac{\lambda}{4(\lambda+\alpha)} d(E_\lambda f, f).
\end{aligned}$$

したがって, $\alpha = 0$ のときは, $\|G_f^{\mathrm{I}}\|_2^2 = \dfrac{1}{4}\|f - J_0 f\|_2^2$ が得られる. ∎

(d) 有限次元 Ornstein–Uhlenbeck 過程
—— 確率微分方程式による構成

有限次元の場合,すなわち $B = \mathbb{R}^d$ の場合を考えよう.よく知られているようにこの場合の Ornstein–Uhlenbeck 過程は次の確率微分方程式の解として与えられる:

$$(3.33) \quad \begin{cases} dX_t = \sqrt{2}\,dw_t - X_t dt, & t \geq 0, \\ X_0 = x \in \mathbb{R}^d. \end{cases}$$

ここに $\{w_t\}$ は d 次元 Wiener 過程である.また煩わしい定数 $\sqrt{2}$ は生成作用素を $L = \triangle_d - x\cdot\nabla$ にしたことによる.

例題 3.6 (3.33)の解が,実際に Ornstein–Uhlenbeck 過程になることを確かめよ.

[解] 半群が実際に(2.5)で与えられることを示そう.

解の一意性は係数がすべて Lipschitz 連続であることから明らか.また(3.33)は線形な確率微分方程式だから具体的に解が書ける.実際,非斉次の方程式を解く常套手段として e^{-t} が斉次方程式の解だから $e^t X_t$ を考えて
$$d(e^t X_t) = e^t X_t dt + e^t \sqrt{2}\,dw_t - e^t X_t dt = \sqrt{2}\,e^t dw_t$$

より

$$e^t X_t - x = \sqrt{2} \int_0^t e^s dw_s$$

を得る．したがって

$$X_t = e^{-t}x + \sqrt{2} \int_0^t e^{s-t} dw_s.$$

これから対応する Markov 過程の半群は F を $\mathbb{R}^d$ 上の有界可測関数として

$$\begin{aligned} E[F(X_t)] &= E\Big[F\Big(e^{-t}x + \sqrt{2}\int_0^t e^{s-t}dw_s\Big)\Big] \\ &= \int_{\mathbb{R}^d} F(e^{-t}x + \sqrt{1-e^{-2t}}\,y)\Big(\frac{1}{\sqrt{2\pi}}\Big)^d e^{-|y|^2/2} dy. \end{aligned}$$

ここで $\sqrt{2}\int_0^t e^{s-t}dw_s$ の分布が平均 0，分散が

$$2\int_0^t e^{2(s-t)}ds = [e^{2(s-t)}]_{s=0}^{s=t} = 1 - e^{-2t}$$

の Gauss 分布であることを用いた． ∎

(e) 補助的な Brown 運動

$f \in \mathcal{P}(K)$ は (2.48) からわかるように，有限個の座標にしかよらないし，値のほうも有限次元の部分空間に含まれている．したがって，有限次元の場合が示されれば十分である．以下 $B = \mathbb{R}^d$，$\mu = \Big(\dfrac{1}{\sqrt{2\pi}}\Big)^d e^{-|x|^2/2}dx$，$K$ は有限次元の Hilbert 空間とする．そして以下の評価は d や K の次元には無関係な定数で押えられることに留意しよう．このことはいちいち断らないが，注意しておいてほしい．例えば，定理 3.1 の Burkholder の不等式の定数は次元によっていない．

§2.1 で，x から出発する Ornstein–Uhlenbeck 過程の分布 P_x を $C([0,\infty) \to B)$ 上に構成したが，それとは独立に，$\mathbb{R}$ 上の $\dfrac{d^2}{da^2}$ を生成作用素として持つ拡散過程 (B_t) を合わせて考え[*1]，$a \in \mathbb{R}$ に対し，a から出発する (B_t) の

[*1] すなわち Brown 運動のことだが，通常のものとは定数倍だけ異なる．

分布を P_a^W と書く. P_a^W が $C([0,\infty)\to\mathbb{R})$ 上の測度として構成できることはよく知られている. 以下,Ornstein–Uhlenbeck 過程 (X_t) と今定めた (B_t) とを組にして考える. すなわち,$C([0,\infty)\to B\times\mathbb{R})$ を,$C([0,\infty)\to B)$ と $C([0,\infty)\to\mathbb{R})$ の直積空間と見なし,その上の測度 $\hat{P}_{(x,a)}$ を P_x と P_a^W の直積で定める. また $\hat{P}_{(x,a)}$ に関する平均を $\hat{E}_{(x,a)}$ で表わす. さらに (X_t, B_t) の初期分布を ν とする測度は

$$\hat{P}_\nu = \int_{B\times\mathbb{R}} \hat{P}_{(x,a)} \nu(dxda)$$

で定め,$\hat{P}_\nu$ に関する平均を,$\hat{E}_\nu$ と表わすことにする.

また,$\hat{\mathcal{F}}$ を $C([0,\infty)\to B\times\mathbb{R})$ 上の位相的 σ-加法族とし,$\forall t \geqq 0$ に対し,
$$\hat{\mathcal{F}}_t = \sigma\{(X_s, B_s)\,;\, s \leqq t\}$$
で定める.

(f) Brown 運動の到達時刻

ここであとで必要となる Brown 運動の**到達時刻**(hitting time)についての復習をしておこう. τ を Brown 運動の原点 0 への到達時刻とする:
$$\tau = \inf\{t > 0 \mid B_t = 0\}.$$
よく知られているように,τ の $\hat{P}_{(x,a)}$ の下での分布は(3.11)で定まる $\lambda_{|a|}$ である. すなわち,Laplace 変換が

(3.34) $$\hat{E}_{(x,a)}[e^{-\gamma\tau}] = e^{-|a|\sqrt{\gamma}}$$

で与えられる.

例題 3.7 τ の分布を計算せよ.

[解] 少し定式化を変えて証明しよう. (B_t) を今まで通り生成作用素が $\dfrac{d^2}{da^2}$ の $\mathbb{R}$ 上の拡散過程で,特に $a=0$ から出発する測度 P_0^W の下で考える. σ-加法族の増大系 $\{\mathcal{B}_t\,;\, t \geqq 0\}$ は
$$\mathcal{B}_t = \sigma\{B_s\,;\, s \leqq t\}$$
で定める. さらに
$$\tau_a = \inf\{t > 0 \mid B_t = a\}$$
と定義すれば,τ_a は $(\mathcal{B}_t)$-停止時刻となる. 実際

$$\{\tau_a \leqq t\} = \bigcup_{m=1}^{\infty} \bigcap_{n=1}^{\infty} \bigcup_{\substack{s \in \mathbb{Q} \\ 1/m \leqq s \leqq t}} \{|B_s - a| \leqq 1/n\} \in \mathcal{B}_t$$

が成立するからである.

ここで $\alpha \in \mathbb{R}$ に対し

$$Z_t = \exp\{\alpha B_t - \alpha^2 t\}$$

とおけば，伊藤の公式から

$$dZ_t = Z_t dB_t$$

となり，(Z_t) は $(\mathcal{B}_t)$-マルチンゲールである. $a > 0$, $\alpha > 0$ とする. このとき $(Z_{t \wedge \tau_a})$ は Doob の任意抽出定理から $(\mathcal{B}_{t \wedge \tau_a})$-マルチンゲールである. また明らかに

$$\lim_{t \to \infty} Z_{t \wedge \tau_a} = \begin{cases} \exp\{\alpha a - \alpha^2 \tau_a\} & \tau_a < \infty \text{ のとき}, \\ 0 & \tau_a = \infty \text{ のとき}. \end{cases}$$

ところで，$(Z_{t \wedge \tau_a})$ は一様に $e^{\alpha a}$ で押えられているから有界収束定理を使えば

$$E_0^W[\exp\{\alpha a - \alpha^2 \tau_a\}; \tau_a < \infty] = 1$$

が得られる．この式で $\alpha \downarrow 0$ とすれば $P_0^W[\tau_a < \infty] = 1$ を得るから $\alpha = \sqrt{\gamma}$ として結局

$$E_0^W[e^{-\gamma \tau_a}] = e^{-a\sqrt{\gamma}}, \quad \gamma > 0$$

を得る.

ついでに τ_a の分布の密度関数を Brown 運動の性質を用いて求めてみよう. まず

$$M_t = \max\{B_s; s \leqq t\}$$

とおいたとき，Brown 運動の反射原理(reflection principle)から

(3.35) $\qquad P_0^W[M_t \geqq a] = 2P_0^W[B_t \geqq a]$

はよく知られているから

$$\begin{aligned} P_0^W[\tau_a \leqq t] &= P_0^W[M_t \geqq a] \\ &= 2P_0^W[B_t \geqq a] \\ &= 2\int_a^{\infty} \frac{1}{2\sqrt{\pi t}} e^{-y^2/4t} dy. \end{aligned}$$

§3.2 Littlewood–Paley–Stein の不等式 —— 69

ここで
$$\frac{d}{dt}\Big(\frac{1}{2\sqrt{\pi t}}e^{-y^2/4t}\Big) = \frac{1}{8\sqrt{\pi}}\Big(-2t^{-3/2}e^{-y^2/4t} + t^{-5/2}y^2 e^{-y^2/4t}\Big)$$

であるから

$$2\int_a^\infty \frac{1}{2\sqrt{\pi t}}e^{-y^2/4t}dy$$
$$= \frac{1}{4\sqrt{\pi}}\int_a^\infty dy \int_0^t \Big(-2s^{-3/2}e^{-y^2/4s} + s^{-5/2}y^2 e^{-y^2/4s}\Big)ds$$
$$= \frac{1}{4\sqrt{\pi}}\int_0^t ds \int_a^\infty \Big(-2s^{-3/2}e^{-y^2/4s} + s^{-5/2}y^2 e^{-y^2/4s}\Big)dy$$
$$= \frac{1}{4\sqrt{\pi}}\int_0^t ds \Big\{\int_a^\infty -2s^{-3/2}e^{-y^2/4s}dy - \int_a^\infty 2s^{-3/2}y\frac{d}{dy}(e^{-y^2/4s})dy\Big\}$$
$$= \frac{1}{4\sqrt{\pi}}\int_0^t ds \Big\{\int_a^\infty -2s^{-3/2}e^{-y^2/4s}dy - [2ys^{-3/2}e^{-y^2/4s}]_{y=a}^{y=\infty}$$
$$\qquad + \int_a^\infty 2s^{-3/2}e^{-y^2/4s}dy\Big\}$$
$$= \frac{1}{2\sqrt{\pi}}\int_0^t as^{-3/2}e^{-a^2/4s}ds.$$

よって密度関数が $\frac{1}{2\sqrt{\pi}}at^{-3/2}e^{-a^2/4t}$ であることが再び示せた.

ところでわれわれは例題 2.16 で τ_a の分布を Brown 運動の推移密度関数（＝熱核）を微分して求めたが，なぜそれで求められるのか蛇足ながら述べておこう．それは上の議論からすでにおわかりと思うが，(3.35)によるわけである．

推移密度関数を $p(t,x,y)$ と書く：
$$p(t,x,y) = \frac{1}{\sqrt{4\pi t}}e^{-|x-y|^2/4t}.$$

ここの Brown 運動は生成作用素が $\frac{d^2}{da^2}$ の Markov 過程で，$\frac{1}{2}\frac{d^2}{da^2}$ ではない．したがって定数が異なってくるが，Littlewood–Paley–Stein の不等式に関するかぎり解析の習慣に従ってこちらを採用する．ここで(3.35)を用い

て，τ_a の分布密度を計算すれば

$$\frac{d}{dt}P_0^W[\tau_a \leq t] = 2\frac{d}{dt}P_0^W[B_t \geq a]$$
$$= 2\frac{d}{dt}\left(\int_a^\infty p(t,0,y)dy\right)$$
$$= 2\int_a^\infty \frac{\partial}{\partial t}p(t,0,y)dy.$$

ここで熱核の性質 $\dfrac{\partial}{\partial t}p(t,x,y) = \dfrac{\partial^2}{\partial y^2}p(t,x,y)$ を用いて

$$\frac{d}{dt}P_0^W[\tau_a \leq t] = 2\int_a^\infty \frac{\partial^2}{\partial y^2}p(t,0,y)dy$$
$$= -2\frac{\partial}{\partial y}p(t,0,a).$$

結局，熱核を微分したものが τ_a の密度関数になることがわかった．∎

例題 3.8 例題 3.7 と同様に (B_t) を生成作用素が $\dfrac{d^2}{da^2}$ の拡散過程とし，特に 0 から出発するものだけを考え，τ_a を a への到達時刻とする．また (B_t) とは独立に d 次元 Brown 運動 $(w(t), P_x)$ を与える．このとき $(w(\tau_a); a \geq 0)$ は d 次元 Cauchy 過程になることを示せ．

［解］ まず $w(\tau_a)$ の分布を計算しよう．そのために Fourier 変換を求めてみよう．$w(t)$ と τ_a は独立だから

$$E_x[\exp\{\sqrt{-1}\xi \cdot w(\tau_a)\}] = E_x[E_x[\exp\{\sqrt{-1}\xi \cdot w(\tau_a)\}|\tau_a]]$$
$$= E_x[\exp\{\sqrt{-1}\xi \cdot x - \frac{\tau_a}{2}|\xi|^2\}]$$
$$= \exp\{\sqrt{-1}\xi \cdot x - a|\xi|/\sqrt{2}\}.$$

これから $(w(\tau_a))$ の分布は P_x の下で（平均が，といいたいところだが）中央値が x の Cauchy 分布であることがわかる．すなわち分布は次で与えられる：

$$\Gamma\left(\frac{d+1}{2}\right)\frac{a}{\pi^{(d+1)/2}((y-x)^2+a^2)^{(d+1)/2}}dy, \quad y \geq 0.$$

次に独立増分であることを見よう．θ_{τ_a} を

$$\theta_{\tau_a}w(\cdot) = w(\cdot + \tau_a) - w(\tau_a), \quad \theta_{\tau_a}B(\cdot) = B(\cdot + \tau_a) - B(\tau_a)$$

と定めれば Brown 運動の性質から $\theta_{\tau_a}w(\cdot), \theta_{\tau_a}B(\cdot)$ は $\mathcal{F}_{\tau_a}$ とは独立である．

また $b>a>0$ に対し $\tau_b(B)=\tau_{b-a}(\theta_{\tau_a}B)+\tau_a(B)$ であることに注意すれば

$$\begin{aligned}
&E_x[\exp\{\sqrt{-1}\xi\cdot(w(\tau_b)-w(\tau_a))\}|\mathcal{F}_{\tau_a}]\\
&=E_x[\exp\{\sqrt{-1}\xi\cdot(w(\tau_{b-a}(\theta_{\tau_a}B)+\tau_a(B))-w(\tau_a(B)))\}|\mathcal{F}_{\tau_a}]\\
&=E_x[\exp\{\sqrt{-1}\xi\cdot\theta_{\tau_a}w(\tau_{b-a}(\theta_{\tau_a}B))\}|\mathcal{F}_{\tau_a}]\\
&=E_0[\exp\{\sqrt{-1}\xi\cdot w(\tau_{b-a})\}]\\
&=E_0[E_0[\exp\{\sqrt{-1}\xi\cdot w(\tau_{b-a})\}|\tau_{b-a}]]\\
&=E_0[\exp\{-\frac{\tau_{b-a}}{2}|\xi|^2\}]\\
&=\exp\{-(b-a)|\xi|/\sqrt{2}\}.
\end{aligned}$$

これで独立増分であることが示せた.

以上で $(w(\tau_a))$ が Cauchy 過程であることがわかった. ただし $a\mapsto\tau_a$ は左連続であるから $(w(\tau_a))$ は左連続である. もし右連続なものが欲しければ τ_a の定義を次のように変えればよい.

$$\tau_a=\inf\{t>0\mid B_t>a\}.$$

これに伴って σ-加法族も右連続化したものに変えなくてはいけなくなるがこれ以上は立ち入らないことにする. ∎

(g) マルチンゲールの導入

さて (X_t) は (3.33) の解だから, $F\in C^\infty([0,\infty)\times B\times\mathbb{R}\to K)$ に対し伊藤の公式から

(3.36)
$$F(X_t,B_t)=F(X_0,B_0)+\sqrt{2}\sum_{j=1}^d\int_0^t\partial_j F(X_s,B_s)dw_s^j+\int_0^t\frac{\partial}{\partial a}F(X_s,B_s)dB_s$$
$$+\int_0^t\Big\{L_xF(X_s,B_s)+\frac{\partial^2}{\partial a^2}F(X_s,B_s)\Big\}ds.$$

よって

$$M_t=F(X_t,B_t)-F(X_0,B_0)-\int_0^t\Big\{L_xF(X_s,B_s)+\frac{\partial^2}{\partial a^2}F(X_s,B_s)\Big\}ds$$

とおけば，(M_t) は局所 2 乗可積分な連続マルチンゲールとなり，$M_0 = 0$ で

$$(3.37) \quad \langle M \rangle_t = 2 \int_0^t \left\{ |D_x F(X_s, B_s)|^2 + \left| \frac{\partial}{\partial a} F(X_s, B_s) \right|^2 \right\} ds$$

が成立する．

ここで $f \in \mathcal{P}(K)$ に対し，$u(x, a) = Q_a^{(\alpha)}(x, f)$ とおけば，$u(x, a)$ は

$$(3.38) \quad \begin{cases} u(x, 0) = f(x) \\ L_x u(x, a) + \dfrac{\partial^2 u}{\partial a^2}(x, a) - \alpha u(x, a) = 0 \end{cases}$$

の解である．このことは，Hermite 多項式 $\mathbf{H}_a(x) = H_{a_1}(x^1) \cdots H_{a_d}(x^d)$, $a = (a_1, \cdots, a_d)$ に対して

$$Q_t^{(\alpha)}(x, \mathbf{H}_a) = e^{-\sqrt{|a| + \alpha} \, t} \mathbf{H}_a(x)$$

であることに注意すればただちに示すことができる．(3.36)の F として上の u をとりたいわけだが，u は $a \geq 0$ でのみ定義されているので停止時刻で切らなければならない．そこで τ を (B_t) の 0 への到達時刻とする：

$$\tau = \inf\{t > 0 \mid B_t = 0\}.$$

すると，$f \in \mathcal{P}(K)$ に対し，(3.38)の関係式に注意して(3.36)を適用すれば

$$(3.39) \quad M_f(t) = Q_{B_{t \wedge \tau}}^{(\alpha)}(X_{t \wedge \tau}, f) - \alpha \int_0^{t \wedge \tau} Q_{B_s}^{(\alpha)}(X_s, f) ds$$
$$= Q_{B_0}^{(\alpha)}(X_0, f) + \sqrt{2} \int_0^{t \wedge \tau} (D_x Q_{B_s}^{(\alpha)}(X_s, f), dw_s)$$
$$+ \int_0^{t \wedge \tau} \frac{\partial}{\partial a} Q_{B_s}^{(\alpha)}(X_s, f) dB_s$$

は $M_f(0) = Q_{B_0}^{(\alpha)}(X_0, f)$ なる局所マルチンゲールで，(3.37)より，その 2 次変分は

$$(3.40) \quad \langle M_f \rangle_t = 2 \int_0^{t \wedge \tau} g_f^2(X_s, B_s) ds$$

であることが容易にわかる．$t \to \infty$ のとき，$M_f(t)$ は

$$Q_{B_\tau}^{(\alpha)}(X_\tau, f) - \alpha \int_0^\tau Q_{B_s}^{(\alpha)}(X_s, f) ds = f(X_\tau) - \alpha \int_0^\tau Q_{B_s}^{(\alpha)}(X_s, f) ds$$

に収束する．後ほど(3.49)で示すように $\hat{E}_{\mu \times \delta_N}[\langle M_f \rangle_\infty] < \infty$ なので $(M_f(t))$

は一様可積分となり,結局 $M_f(t)$ は条件付平均で

$$(3.41) \quad M_f(t) = \hat{E}_{\mu \times \delta_N}\left[f(X_\tau) - \alpha \int_0^\tau Q_{B_s}^{(\alpha)}(X_s, f) ds \Big| \hat{\mathcal{F}}_t \right],$$

$$\hat{P}_{\mu \times \delta_N}\text{-a.e.}$$

と表わされる.

(h) 条件付平均値の計算

Brown 運動に関するいくつかの積分を計算していこう.

命題 3.9 h を $[0, \infty)$ 上の非負可測関数とするとき,

$$(3.42) \quad \hat{E}_{\mu \times \delta_a}\left[\int_0^\tau h(B_s) ds \right] = \int_0^\infty (a \wedge u) h(u) du$$

が成立する.

[証明] $h \in C_0^\infty([0, \infty))$ のときを示せば十分である.そこで

$$(3.43) \quad g(a) = \int_0^\infty (a \wedge u) h(u) du, \quad a \geq 0$$

とおけば,$g(0) = 0$ で $g'' = -h$ が成立する (Green 関数をご存知の人には明らかなことだろうが,直接計算で確かめるのも難しくはない).したがって,伊藤の公式から

$$g(B_{t \wedge \tau}) - g(B_0) = \int_0^{t \wedge \tau} g'(B_s) dB_s + \int_0^{t \wedge \tau} g''(B_s) ds$$
$$= \int_0^{t \wedge \tau} g'(B_s) dB_s - \int_0^{t \wedge \tau} h(B_s) ds.$$

平均をとって

$$\hat{E}_{\mu \times \delta_a}[g(B_{t \wedge \tau})] - g(a) = -\hat{E}_{\mu \times \delta_a}\left[\int_0^{t \wedge \tau} h(B_s) ds \right].$$

したがって

$$g(a) = \hat{E}_{\mu \times \delta_a}[g(B_{t \wedge \tau})] + \hat{E}_{\mu \times \delta_a}\left[\int_0^{t \wedge \tau} h(B_s) ds \right].$$

ここで $t \to \infty$ とすれば

74——— 第 3 章　Littlewood–Paley–Stein の不等式

$$g(a) = \hat{E}_{\mu \times \delta_a}\left[\int_0^\tau h(B_s)ds\right].$$

すなわち，(3.42) が得られた．

これを使ってさらに X_τ で条件を付けた場合を求めよう．

命題 3.10　j を $B \times [0, \infty)$ 上の非負可測関数とするとき，

(3.44)　$\hat{E}_{\mu \times \delta_N}\left[\int_0^\tau j(X_t, B_t)dt\right] = \int_B \mu(dx) \int_0^\infty (N \wedge a) j(x, a) da$

が成立する．

［証明］　$j(x, a) = k(x)h(a)$ のときを示せば十分である．

$$\hat{E}_{\mu \times \delta_N}\left[\int_0^\tau k(X_t)h(B_t)dt\right] = \hat{E}_{\mu \times \delta_N}\left[\int_0^\infty k(X_t)h(B_t)1_{\{t \leq \tau\}}dt\right]$$
$$= \int_0^\infty \hat{E}_{\mu \times \delta_N}[k(X_t)]\hat{E}_{\mu \times \delta_N}[h(B_t)1_{\{t \leq \tau\}}]dt$$
$$= \int_B k(x)\mu(dx)\hat{E}_{\mu \times \delta_N}\left[\int_0^\tau h(B_t)dt\right]$$
$$= \int_B k(x)\mu(dx) \int_0^\infty (N \wedge a)h(a) da \quad (\because \text{命題 3.9})$$

となり求める結果が得られた．

命題 3.11　j を $B \times [0, \infty)$ 上の非負可測関数とするとき，

(3.45)　$\hat{E}_{\mu \times \delta_N}\left[\int_0^\tau j(X_t, B_t)dt \,\Big|\, X_\tau\right] = \int_0^\infty (N \wedge a) Q_a^{(0)}(X_\tau, j(\cdot, a)) da$

が成立する．

［証明］　$f \in \mathcal{P}$ に対し，

(3.46)　$\hat{E}_{\mu \times \delta_N}\left[f(X_\tau) \int_0^\tau j(X_t, B_t)dt\right]$
$$= \int_0^\infty (N \wedge a) \hat{E}_{\mu \times \delta_N}[Q_a^{(0)}(X_\tau, j(\cdot, a))f(X_\tau)]da$$

を示せばよい．まず B 上の非負可測関数 k に対し，

(3.47)　$\hat{E}_{\mu \times \delta_N}[k(X_\tau)] = \int_0^\infty \lambda_N(ds) \hat{E}_{\mu \times \delta_N}[k(X_s)]$

$$= \int_0^\infty \lambda_N(ds) \int_B k(x)\mu(dx)$$
$$= \int_B k(x)\mu(dx)$$

が成立することに注意すれば,(3.46)の右辺は

$$\int_0^\infty (N\wedge a)da \int_B f(x)Q_a^{(0)}(x,j(\cdot,a))\mu(dx)$$

に等しい.左辺に関しては

$$\text{左辺} = \int_0^\infty dt \hat{E}_{\mu\times\delta_N}[f(X_\tau)j(X_t,B_t)1_{\{t\leqq\tau\}}]$$
$$= \int_0^\infty dt \hat{E}_{\mu\times\delta_N}[\hat{E}_{\mu\times\delta_N}[f(X_\tau)|\hat{\mathcal{F}}_t]j(X_t,B_t)1_{\{t\leqq\tau\}}].$$

ここで,(3.41)で $\alpha=0$ の場合を考えれば

$$\hat{E}_{\mu\times\delta_N}[f(X_\tau)|\hat{\mathcal{F}}_t] = Q_{B_{t\wedge\tau}}^{(0)}(X_{t\wedge\tau},f)$$

であるから,結局

$$\text{左辺} = \int_0^\infty dt \hat{E}_{\mu\times\delta_N}[Q_{B_{t\wedge\tau}}^{(0)}(X_{t\wedge\tau},f)j(X_t,B_t)1_{\{t\leqq\tau\}}]$$
$$= \hat{E}_{\mu\times\delta_N}\left[\int_0^\tau Q_{B_t}^{(0)}(X_t,f)j(X_t,B_t)dt\right]$$
$$= \int_0^\infty (N\wedge a)da \int_B Q_a^{(0)}(x,f)j(x,a)\mu(dx) \quad (\because \text{命題 3.10})$$
$$= \int_0^\infty (N\wedge a)da \int_B Q_a^{(0)}(x,j(\cdot,a))f(x)\mu(dx) \quad (\because Q_a^{(0)} \text{の対称性})$$

となり求める結果を得る. ∎

上の命題から

(3.48) $\quad \hat{E}_{\mu\times\delta_N}[\langle M_f\rangle_\infty|X_\tau] = 2\int_0^\infty (N\wedge a)Q_a^{(0)}(X_\tau,g_f^2(\cdot,a))da$

が成立する.平均をとって

(3.49) $\quad \hat{E}_{\mu\times\delta_N}[\langle M_f\rangle_\infty] = 2\int_0^\infty (N\wedge a)da \int_B Q_a^{(0)}(x,g_f^2(\cdot,a))\mu(dx)$

$$\begin{aligned}
&= 2\int_0^\infty (N\wedge a)da \int_B g_f^2(x,a)\mu(dx) \\
&\leqq 2\int_B \mu(dx) \int_0^\infty a g_f^2(x,a)da \\
&= 2\|G_f\|_2^2 < \infty.
\end{aligned}$$

(i) $1 < p \leqq 2$ の場合

L^p-ノルムを評価するために,$|u(X_t, B_t)|^p$ を考える必要があるが,このままでは微分可能性が十分でないので,滑らかなもので近似していく.まず

$$u(X_{t\wedge\tau}, B_{t\wedge\tau}) = M_f(t) + \alpha \int_0^{t\wedge\tau} u(X_s, B_s) ds$$

であるから

$$\begin{aligned}
d|u|^2 &= 2(u, dM_f) + 2\alpha|u|^2 dt + \langle dM_f, dM_f\rangle \\
&= 2(u, dM_f) + (2\alpha|u|^2 + 2g_f^2) dt
\end{aligned}$$

が成立する.ここで繁雑さを避けるため,u や g_f の中の変数を省略してある(正確に書けば $u(X_t, B_t)$, $g_f(X_t, B_t)$ である).そこで $\varepsilon > 0$ を任意にとれば,
(3.50)
$$\begin{aligned}
&d(|u|^2+\varepsilon)^{p/2} \\
&= \frac{p}{2}(|u|^2+\varepsilon)^{p/2-1} 2(u, dM_f) + \frac{p}{2}(|u|^2+\varepsilon)^{p/2-1}(2\alpha|u|^2+2g_f^2)dt \\
&\quad + \frac{p}{2}\left(\frac{p}{2}-1\right)(|u|^2+\varepsilon)^{p/2-2} 2\langle udM_f, udM_f\rangle \\
&= p(|u|^2+\varepsilon)^{p/2-1}(u, dM_f) + \alpha p(|u|^2+\varepsilon)^{p/2-1}|u|^2 dt \\
&\quad + p(|u|^2+\varepsilon)^{p/2-2}\{((p-1)-(p-2))(|u|^2+\varepsilon)g_f^2 dt \\
&\quad + \frac{1}{2}(p-2)\langle udM_f, udM_f\rangle\} \\
&= p(|u|^2+\varepsilon)^{p/2-1}(u, dM_f) + \alpha p(|u|^2+\varepsilon)^{p/2-1}|u|^2 dt \\
&\quad + p(p-1)(|u|^2+\varepsilon)^{p/2-1} g_f^2 dt
\end{aligned}$$

§ 3.2 Littlewood–Paley–Stein の不等式 —— 77

$$+\frac{1}{2}p(2-p)(|u|^2+\varepsilon)^{p/2-2}(2(|u|^2+\varepsilon)g_f^2 dt-\langle udM_f, udM_f\rangle).$$

右辺第3項は非負であることを見よう．u, M_f はベクトル値であったから，それをはっきりさせるために $u=(u_1,\cdots,u_d)$, $M_f=(M_f^1,\cdots,M_f^d)$ と成分表示しておく．すると

$\langle udM_f, udM_f\rangle$

$= \sum\limits_{i,j} \langle u_i dM_f^i, u_j dM_f^j\rangle$

$= \sum\limits_{i,j} u_i u_j \langle dM_f^i, dM_f^j\rangle$

$\leqq \sum\limits_{i,j} \sqrt{u_i^2 \langle dM_f^j, dM_f^j\rangle}\sqrt{u_j^2 \langle dM_f^i, dM_f^i\rangle}$　　（∵ 国田–渡辺の不等式）

$\leqq \sqrt{\sum\limits_{i,j} u_i^2 \langle dM_f^j, dM_f^j\rangle}\sqrt{\sum\limits_{i,j} u_j^2 \langle dM_f^i, dM_f^i\rangle}$　　（∵ Schwarz の不等式）

$= 2|u|^2 g_f^2 dt$.　　（∵ (3.40)）

ただし，上の不等式は差が単調非減少であることを表わす．これから(3.50)の右辺第3項が非負であることがわかった．

よって，(3.50)の右辺の有界変動の部分はすべて非負であるから平均をとれば，

$$p(p-1)\hat{E}_{\mu\times\delta_N}\left[\int_0^\tau (|u|^2+\varepsilon)^{p/2-1}g_f^2 dt\right] \leqq \hat{E}_{\mu\times\delta_N}[(|u(X_\tau, B_\tau)|^2+\varepsilon)^{p/2}]$$
$$= \hat{E}_{\mu\times\delta_N}[(|f(X_\tau)|^2+\varepsilon)^{p/2}]$$
$$= \|(|f|^2+\varepsilon)^{1/2}\|_p^p.$$

さらに左辺を下から評価する．その前にまず $Q_t^{(\alpha)}$ の定義(3.10)を思い出して

$|u(x,a)| = |Q_a^{(\alpha)} f(x)|$

$\leqq \int_0^\infty e^{-\alpha s}|T_s f(x)|\lambda_t(ds)$

$\leqq \int_0^\infty e^{-\alpha s} f^\times(x)\lambda_t(ds)$

$\leqq f^\times(x)$

が成立する．ここに $f^\times$ は(3.6)で定義される最大関数である．そこで命題 3.10 から

$$\hat{E}_{\mu\times\delta_N}\left[\int_0^\tau (|u|^2+\varepsilon)^{p/2-1}g_f^2 dt\right]$$
$$= \left\|\int_0^\infty (|u(\cdot,a)|^2+\varepsilon)^{(p-2)/2}g_f(\cdot,a)^2(a\wedge N)da\right\|_1$$
$$\geqq \left\|\int_0^\infty (|f^\times(\cdot)|^2+\varepsilon)^{(p-2)/2}g_f(\cdot,a)^2(a\wedge N)da\right\|_1. \quad (\because p-2\leqq 0)$$

ここで $N\to\infty$ とすれば結局

$$\|(|f|^2+\varepsilon)^{1/2}\|_p^p \gtrsim \left\|\int_0^\infty (|f^\times(\cdot)|^2+\varepsilon)^{(p-2)/2}g_f(\cdot,a)^2 ada\right\|_1$$
$$= \|(|f^\times|^2+\varepsilon)^{(p-2)/2}G_f^2\|_1$$
$$= \|(|f^\times|^2+\varepsilon)^{(p-2)/4}G_f\|_2^2$$

が得られる．これを使えば，G_f を次のように評価することができる．

$$\|G_f\|_p = \|(|f^\times|^2+\varepsilon)^{(2-p)/4}(|f^\times|^2+\varepsilon)^{(p-2)/4}G_f\|_p$$
$$= \|(|f^\times|^2+\varepsilon)^{(2-p)/4}\|_{2p/(2-p)}\|(|f^\times|^2+\varepsilon)^{(p-2)/4}G_f\|_2$$
$$(\because 1/p = (2-p)/2p+1/2)$$
$$\lesssim \|(|f^\times|^2+\varepsilon)^{1/2}\|_p^{(2-p)/2}\|(|f|^2+\varepsilon)^{1/2}\|_p^{p/2}.$$

ここで $\varepsilon\to 0$ とすれば

$$\|G_f\|_p \lesssim \|f^\times\|_p^{(2-p)/2}\|f\|_p^{p/2}$$
$$\lesssim \|f\|_p^{(2-p)/2}\|f\|_p^{p/2} \quad (\because 定理 3.3)$$
$$= \|f\|_p.$$

これで $1<p\leqq 2$ の場合の(3.21)の証明が完了した．また，$\alpha=0$ の場合は，G_f は f の代わりに $f-J_0 f$ をとっても変わらないことに注意すれば(3.23)がわかる．

(j) $p\geqq 2$ の場合

この場合には，G-関数だけでなく，別の補助的な関数が必要になる．$1<$

$p \leqq 2$ の場合は特に Ornstein–Uhlenbeck 作用素であるという特殊性は必要なかったのであるが,$p \geqq 2$ の場合は多少事情が異なり,あとで述べるが,Ornstein–Uhlenbeck 作用素のある種の交換関係が用いられる.現在のところこれを回避する方法は知られていないようである.

さて,(3.17)で定めた関数 g_f に対して,H_f を

$$(3.51) \qquad H_f(x) = \left\{ \int_0^\infty t Q_t^{(0)} g_f(x,t)^2 dt \right\}^{1/2}$$

と定める.

命題 3.12 $p \geqq 2$ のとき,次が成立する.

$$(3.52) \qquad \|H_f\|_p \lesssim \|f\|_p, \quad \forall f \in \mathcal{P}(K).$$

[証明] $p=2$ のときは明らかだから,$p>2$ とする.$1<p\leqq 2$ の場合と同じように

$$u(X_{t\wedge\tau}, B_{t\wedge\tau}) = M_f(t) + \alpha \int_0^{t\wedge\tau} u(X_s, B_s) ds$$

であるから

$$d|u|^2 = 2(u, dM_f) + (2\alpha|u|^2 + 2g_f^2) dt$$

が成立する.より正確に書けば

$$|u(X_{t\wedge\tau}, B_{t\wedge\tau})|^2 = |u(X_0, B_0)|^2 + 2\int_0^{t\wedge\tau} (u(X_s, B_s), dM_f(s))$$
$$+ \int_0^{t\wedge\tau} (2\alpha|u(X_s, B_s)|^2 + 2g_f(X_s, B_s)^2) ds.$$

有界変動の部分は正だから $|u(X_{t\wedge\tau}, B_{t\wedge\tau})|^2$ は劣マルチンゲールとなり,命題 3.2 と Doob の不等式より

$$(3.53) \quad \hat{E}_{\mu \times \delta_N}\left[\left\{\int_0^\tau (2\alpha|u(X_s,B_s)|^2 + 2g_f(X_s,B_s)^2) ds\right\}^{p/2}\right]$$
$$\lesssim \hat{E}_{\mu \times \delta_N}[||u(X_\tau, B_\tau)|^2 - |u(X_0, B_0)|^2|^{p/2}]$$
$$= \hat{E}_{\mu \times \delta_N}[||Q_0^{(\alpha)} f(X_\tau)|^2 - |Q_N^{(\alpha)} f(X_0)|^2|^{p/2}]$$
$$\lesssim \|f\|_p^p + \|Q_N^{(\alpha)} f\|_p^p$$

$$\lesssim \|f\|_p^p.$$

これを用いて, H_f を評価すれば

$$\begin{aligned}
\|H_f\|_p^p &= \left\|\left\{\int_0^\infty a Q_a^{(0)} g_f(\cdot,a)^2 da\right\}^{p/2}\right\|_1 \\
&= \lim_{N\to\infty}\left\|\left\{\int_0^\infty Q_a^{(0)} g_f(\cdot,a)^2 (a\wedge N) da\right\}^{p/2}\right\|_1 \\
&= \lim_{N\to\infty}\int_B d\mu(x)\hat{E}_{\mu\times\delta_N}\left[\int_0^\tau g_f(X_s,B_s)^2 ds \,\Big|\, X_\tau=x\right]^{p/2} \quad (\because \text{命題 } 3.11) \\
&\leq \lim_{N\to\infty}\hat{E}_{\mu\times\delta_N}\left[\left\{\int_0^\tau g_f(X_s,B_s)^2 ds\right\}^{p/2}\right] \\
&\leq \lim_{N\to\infty}\hat{E}_{\mu\times\delta_N}\left[\left\{\int_0^\tau (\alpha|u(X_s,B_s)|^2 + g_f(X_s,B_s)^2)ds\right\}^{p/2}\right] \\
&\lesssim \|f\|_p^p \quad (\because (3.53))
\end{aligned}$$

となり, 求める結果を得る.

さて, 次に G_f と H_f の関係を調べよう. まず H_f の定義(3.51)で g_f をそれぞれ $g_f^\uparrow$, g_f^- に変えたものを $H_f^\uparrow$, H_f^- とする.

命題 3.13 次が成立する.

(3.54) $$G_f^- \leqq 2H_f^-, \quad \forall f\in\mathcal{P}(K),$$

(3.55) $$G_f^\uparrow \leqq 2H_f^\uparrow, \quad \forall f\in\mathcal{P}(K).$$

[証明] $Q_a^{(\alpha)}$ の定義(3.10)から

(3.56) $$\begin{aligned}
|Q_t^{(\alpha)}f(x)|^2 &= \left|\int_0^\infty e^{-\alpha s}T_s f(x)\lambda_t(ds)\right|^2 \\
&\leqq \int_0^\infty e^{-\alpha s}|T_s f(x)|^2 \lambda_t(ds) \quad (\because \text{Schwarz の不等式}) \\
&\leqq \int_0^\infty T_s(|f|^2)(x)\lambda_t(ds) \quad (\because \text{Schwarz の不等式}) \\
&= Q_t^{(0)}(|f|^2)(x)
\end{aligned}$$

が成立する(あるいは, (3.13)から $Q_t^{(\alpha)}$ が sub-Markov であるからといったほうがすっきりするかも知れない). 次に, $Q_t^{(\alpha)}$ が半群であるから

$$Q_{t+s}^{(\alpha)}f = Q_t^{(\alpha)}Q_s^{(\alpha)}f.$$

s で微分して $s=t$ とすれば

$$\left.\frac{\partial}{\partial a}Q_a^{(\alpha)}f\right|_{a=2t}=Q_t^{(\alpha)}\left.\frac{\partial}{\partial a}Q_a^{(\alpha)}f\right|_{a=t}.$$

したがって，(3.56) から

$$g_f^{\rightarrow}(\cdot,2t)^2=\left|\left.\frac{\partial}{\partial a}Q_a^{(\alpha)}f\right|_{a=2t}\right|^2=\left|Q_t^{(\alpha)}\left.\frac{\partial}{\partial a}Q_a^{(\alpha)}f\right|_{a=t}\right|^2$$
$$\leqq Q_t^{(0)}\left(\left|\frac{\partial}{\partial t}Q_t^{(\alpha)}f\right|^2\right)=Q_t^{(0)}g_f^{\rightarrow}(\cdot,t)^2.$$

これを積分して

$$G_f^{\rightarrow}(x)^2=\int_0^\infty tg_f^{\rightarrow}(x,t)^2dt=4\int_0^\infty tg_f^{\rightarrow}(x,2t)^2dt$$
$$\leqq 4\int_0^\infty tQ_t^{(0)}g_f^{\rightarrow}(\cdot,t)^2dt=4H_f^{\rightarrow}(x)^2$$

が従い，(3.54) が得られた．

$G_f^{|}$ に関しては交換関係 $DQ_t^{(\alpha)}=Q_t^{(\alpha+1)}D$（これは次章で扱う．系 4.2 を見よ）と (3.56) を用いて

$$g_f^{|}(\cdot,2t)^2=|DQ_{2t}^{(\alpha)}f|^2=|DQ_t^{(\alpha)}Q_t^{(\alpha)}f|^2=|Q_t^{(\alpha+1)}DQ_t^{(\alpha)}f|^2$$
$$\leqq Q_t^{(0)}(|DQ_t^{(\alpha)}f|^2)=Q_t^{(0)}g_f^{|}(\cdot,t)^2$$

を得て，あとは $G_f^{\rightarrow}$ の場合と同じである． ∎

命題 3.12，命題 3.13 を合わせれば，定理 3.4 の $p\geqq 2$ の場合 G_f の上からの評価が従うことは今や明らかである．

(k) 下からの評価

最後に残っているのが，下からの評価である．しかし，これは双対性から容易に従うことなのである．最後にこれを見ておくことにしよう．

$\alpha>0$ として命題 3.5 から L^2 の場合の等式 (3.30) は極化により

$$(3.57)\quad (f,h)=4\int_B\mu(dx)\int_0^\infty t\Big(\frac{\partial}{\partial t}Q_t^{(\alpha)}(x,f),\frac{\partial}{\partial t}Q_t^{(\alpha)}(x,h)\Big)_K dt$$

を導く.

よって p, q を互いに共役な指数とするとき,Schwarz および Hölder の不等式により

$$|(f,h)| \leq 4\int_B \mu(dx)\int_0^\infty t\left|\frac{\partial}{\partial t}Q_t^{(\alpha)}(x,f)\right|_K \left|\frac{\partial}{\partial t}Q_t^{(\alpha)}(x,h)\right|_K dt$$

$$\leq 4\int_B \left\{\int_0^\infty t\left|\frac{\partial}{\partial t}Q_t^{(\alpha)}(x,f)\right|_K^2 dt\right\}^{1/2}\left\{\int_0^\infty t\left|\frac{\partial}{\partial t}Q_t^{(\alpha)}(x,h)\right|_K^2 dt\right\}^{1/2}\mu(dx)$$

$$= 4\int_B G_f^-(x)G_h^-(x)\mu(dx)$$

$$\leq 4\|G_f^-\|_p\|G_h^-\|_q$$

$$\lesssim \|G_f^-\|_p\|h\|_q.$$

これから $\|f\|_p \lesssim \|G_f^-\|_p$ が従う.

他の場合も命題 3.5 を使えば,同様である.以上で定理 3.4 の証明が完成した.

例題 3.14 $\alpha > 0$ のとき,不等式

(3.58) $\qquad \|f - J_0 f\|_p \lesssim (1+\alpha)\|G_f^1\|_p, \quad \forall f \in \mathcal{P}(K)$

を示せ.

[解] 双対性を用いた議論は命題 3.5 に基づいていたわけであるが,今の場合は次のように変形される.まず,

$$\phi(\lambda) = \frac{\lambda}{4(\lambda+\alpha)}$$

とおき,(2.38)で乗法作用素 M_ϕ を定める.L^2 の場合はスペクトル分解(3.26)を用いて

$$M_\phi = \int_{0+}^\infty \frac{\lambda}{4(\lambda+\alpha)}dE_\lambda$$

と表わされる.命題 3.5 の証明を再び辿れば

$$\|G_f^1\|_2^2 = (M_\phi f, f)$$

が成立していることがわかる.よって極化により

$$(M_\phi f, h) = \int_B \mu(dx)\int_0^\infty t(DQ_t^{(\alpha)}(x,f), DQ_t^{(\alpha)}(x,h))_{\mathrm{HS}}dt.$$

あとは，上と同様の議論を繰り返して
$$\|M_\phi f\|_p \lesssim \|G_f^1\|_p$$
が得られる．M_ϕ に有界な逆作用素が存在すれば証明が終わる．しかしながら $J_0 f$ は M_ϕ で消えてしまうので，その部分を除いて考えれば，逆作用素は $1_{\{\lambda>0\}} \dfrac{4(\lambda+\alpha)}{\lambda} = 4\cdot 1_{\{\lambda>0\}} + 4\alpha 1_{\{\lambda>0\}} \dfrac{1}{\lambda}$ に対応する乗法作用素で，これはすなわち $4(1-J_0+\alpha G_0)$ に他ならない．ここに 1 は恒等作用素を表わす．あとに (4.43) で定めるように G_0 は 0 次の Green 作用素で L^p の有界作用素である．結局
$$\|f - J_0 f\|_p \leqq 4\|1-J_0+\alpha G_0\|_{op} \|M_\phi f\|_p$$
が成立するから，(3.58) が得られる． ∎

《 要 約 》

3.1 マルチンゲール理論による Burkholder の不等式の証明．

3.2 最大エルゴード不等式の証明．すなわち半群の最大値の L^p-ノルムはもとの関数の L^p-ノルムで評価される．

3.3 Littlewood–Paley の G-関数．スペクトル分解による L^2-理論．

3.4 G-関数に対する L^p-ノルムの同値性．ここでは確率論的な証明を与えた．

4 抽象 Wiener 空間上の Sobolev 空間

　Malliavin 解析における基本的な枠組みである抽象 Wiener 空間上の Sobolev 空間について述べる．導関数が L^p であるという関数空間が Sobolev 空間であるが，そのためには D と L を用いた 2 通りの定義が可能である．$p>1$ の場合はどちらも同じであることを示す．さらに Sobolev 空間の枠組みで D や D^* 等の作用素の連続性について論じる．

§4.1　ノルムの同値性

　定義 2.6 では，H-微分 D，さらにはその高階の微分 D^k を定義したが，これから Euclid 空間の場合と同じように導関数を L^p-ノルムで完備化して Sobolev 空間を構成できる．この節では，その構成について述べていく．

　そのための一つの方法は直接微分 D を用いる方法であるが，ここでは，§3.2 で論じた作用素 $\sqrt{1-L}$ を基本にして論じていく．抽象的な枠組みを論じるときはその方がすっきりするのである．しかし，具体的な問題を考える場合，例えば確率微分方程式の解を微分しようとするような場合には，D でなければ計算できない．$\sqrt{1-L}$ を作用させたものがどうなるか，具体的な表現を求めることは難しいだろうし，また重要とも思われない．結局，場合場合に応じて便利なものを使えばいいのである．その基礎となるのが，D と $\sqrt{1-L}$ から定まるノルムの同値性であり，このお陰で，どちらで定義して

も同じ Sobolev 空間が得られる.

(a) D と他の作用素との交換関係

まず,D と他の作用素との交換関係を求めておく.今まで通り (B, H, μ) を抽象 Wiener 空間,K を可分 Hilbert 空間とする.

以下しばらく作用素は $\mathcal{P}(K)$ 上だけで考えることにする.したがって $\phi:[0,\infty) \to \mathbb{R}$ に対して $\phi(-L)$ は $\mathcal{P}(K)$ 上で意味を持つ.また ϕ の値は実際には $\mathbb{Z}_+$ 上で定まっていれば十分で,このとき §2.2 の乗法作用素のところで説明したように

$$(4.1) \qquad \phi(-L) = \sum_{n=0}^{\infty} \phi(n) J_n$$

と表わすことができる.

命題 4.1 次の交換関係が成立する:

$$(4.2) \qquad D\phi(-L) = \phi(1-L)D .$$

ただし,右辺の $\phi(1-L)$ は $\mathcal{P}(\mathcal{L}_{(2)}(H;K))$ 上の作用素であり $\psi(\cdot) = \phi(1+\cdot)$ と定めたとき,$\phi(1-L) = \psi(-L)$ と解釈している.

[証明] $\forall k \in K$ および (1.27) で定まる Fourier–Hermite 多項式

$$\mathbf{H}_a(x) = \prod_{i=1}^{\infty} H_{a_i}(\langle x, \varphi_i \rangle), \quad a \in \Lambda$$

に対し,

$$D\phi(-L)(\mathbf{H}_a(\cdot)k) = \phi(1-L)D(\mathbf{H}_a(\cdot)k)$$

を示せばよい.

$$\begin{aligned}
\text{左辺} &= D\sum_n \phi(n) J_n(\mathbf{H}_a(\cdot)k) \\
&= D(\phi(|a|) \mathbf{H}_a(\cdot)k) \\
&= \phi(|a|) D \mathbf{H}_a(\cdot) \otimes k \\
&= \phi(|a|) D\Big(\prod_{i=1}^{\infty} H_{a_i}(\langle \cdot, \varphi_i \rangle)\Big) \otimes k .
\end{aligned}$$

ところで Leibniz の公式から

$$D\Big(\prod_{i=1}^{\infty} H_{a_i}(\langle\,\cdot\,,\varphi_i\rangle)\Big)(x) = \sum_j \{H_{a_j-1}(\langle x,\varphi_j\rangle)\prod_{i\neq j}H_{a_i}(\langle x,\varphi_i\rangle)\}(\iota^*\varphi_j)$$

$$(\because (1.23))$$

である．さてこの項は $\mathcal{H}_{|a|-1}$ に属しているから結局

$$D\phi(-L)(\mathbf{H}_a(\,\cdot\,)k) = \phi(|a|)D(\mathbf{H}_a(\,\cdot\,)k)$$
$$= \phi(|a|)J_{|a|-1}D(\mathbf{H}_a(\,\cdot\,)k)$$
$$= \phi(1-L)D(\mathbf{H}_a(\,\cdot\,)k)$$

から，求める結果を得る． ∎

上の命題を使えば，D と T_t 等の交換関係が容易に導かれる．各種の作用素を $\phi(-L)$ に表わしたとき，対応する ϕ の形は

(4.3) $\qquad T_t^{(\alpha)} \longleftrightarrow e^{-(\lambda+\alpha)t},$

(4.4) $\qquad Q_t^{(\alpha)} \longleftrightarrow e^{-\sqrt{\lambda+\alpha}\,t},$

(4.5) $\qquad -L \longleftrightarrow \lambda,$

(4.6) $\qquad \sqrt{\alpha-L} \longleftrightarrow \sqrt{\lambda+\alpha}$

である．ただし $\alpha\geqq 0$．したがって，命題 4.1 から次のことを容易に導くことができる．

系 4.2 $\mathcal{P}(K)$ において

(4.7) $\qquad DT_t^{(\alpha)} = T_t^{(\alpha+1)}D,$

(4.8) $\qquad DQ_t^{(\alpha)} = Q_t^{(\alpha+1)}D,$

(4.9) $\qquad DL = (L-1)D,$

(4.10) $\qquad D\sqrt{\alpha-L} = \sqrt{\alpha+1-L}\,D$

が成立する． ∎

上の系では，やや記号の乱用をしている．例えば，(4.7) の左辺の $T_t^{(\alpha)}$ は $\mathcal{P}(K)$ の元に作用し，右辺の $T_t^{(\alpha+1)}$ は $\mathcal{P}(\mathcal{L}_{(2)}(H;K))$ の元に作用している．これはまだ混乱はないかもしれないが，(4.9) を交換子 $[a,b]=ab-ba$ を用いて $[D,L]=-D$ と書くのは，すっきりした表記ではあるが，かなり乱暴である．ただ，その都度いちいち断るのもかえって混乱するのでくどくどとはい

(b) $\sqrt{\alpha-L}^{-1}$ の構成

前節において $\sqrt{\alpha-L}$ を $\{Q_t^{(\alpha)}\}_{t\geq 0}$ の生成作用素として定義したが,その逆作用素が存在することを示そう.

命題 4.3 $\alpha>0$ のとき,L^p において

$$(4.11) \qquad \sqrt{\alpha-L}^{-1} = \int_0^\infty Q_t^{(\alpha)} dt$$

でその作用素ノルムは次で評価される:

$$(4.12) \qquad \|\sqrt{\alpha-L}^{-1}\|_{p\to p} \leq \frac{1}{\sqrt{\alpha}}.$$

ここで p は $p\geq 1$ を満たすものとする.

$\alpha=0$ のときは,対応するものとして

$$(4.13) \qquad \int_0^\infty Q_t^{(0)}(1-J_0)dt$$

がとれる.1 は恒等作用素を表わす.実際,これは L^p での有界作用素を定め

$$(4.14) \qquad \sqrt{-L}\int_0^\infty Q_t^{(0)}(1-J_0)dt = 1-J_0$$

を満たす.ただし,$\alpha=0$ のときは $p>1$ を仮定する.

[証明] $\alpha>0$ のとき,(3.14) より $\|Q_t^{(\alpha)}\|_{\mathrm{op}} \leq e^{-\sqrt{\alpha}t}$ だから $\int_0^\infty Q_t^{(\alpha)}dt$ が有界作用素として定まること,および (4.12) は明らか.

また $f \in \mathcal{P}(K)$ に対して

$$\sqrt{\alpha-L}\int_0^\infty Q_t^{(\alpha)}f dt = -\int_0^\infty \frac{\partial}{\partial t}Q_t^{(\alpha)}f dt = -Q_t^{(\alpha)}f\Big|_0^\infty = f$$

であり,$\sqrt{\alpha-L}\int_0^\infty Q_t^{(\alpha)}dt$ が閉作用素であることに注意すれば L^p 全体で

$$\sqrt{\alpha-L}\int_0^\infty Q_t^{(\alpha)}dt = 1$$

が成立する.

$\alpha=0$ の場合は,命題 2.19 より $\|T_t(1-J_0)\|_{p\to p} \leq c_p e^{-t}$ だから

$$\|Q_t^{(0)}(1-J_0)\|_{p\to p} = \left\|\int_0^\infty T_s(1-J_0)\lambda_t(ds)\right\|_{p\to p}$$
$$\leq \int_0^\infty c_p e^{-s}\lambda_t(ds) = c_p e^{-t}$$

から $\int_0^\infty Q_t^{(0)}(1-J_0)dt$ も有界作用素として確定する．あとは $\alpha>0$ の場合と同じである． ∎

(c) ノルムの同値性

次にこの節の主定理を述べる．Malliavin 解析では基本的な定理であり，**Meyer の同値性**と呼ばれている．

定理 4.4 $1<p<\infty$, $k\in\mathbb{N}_+$ に対し，次が成立する．

(i) $\alpha>0$ のとき，

$$(4.15)\quad \|D^k f\|_p \lesssim \|\sqrt{\alpha-L}^k f\|_p \lesssim \sum_{l=0}^k \|D^l f\|_p, \quad \forall f\in\mathcal{P}(K).$$

(ii) $\alpha=0$ のとき，

$$(4.16)\quad \|D^k f\|_p \lesssim \|\sqrt{-L}^k f\|_p \lesssim \sum_{l=1}^k \|D^l f\|_p, \quad \forall f\in\mathcal{P}(K).$$

ここでは $\lesssim$ は次のような意味で用いている．例えば $\|D^k f\|_p \lesssim \|\sqrt{\alpha-L}^k f\|_p$ はある定数 $c>0$ が存在して $\|D^k f\|_p \leq c\|\sqrt{\alpha-L}^k f\|_p$ がすべての $f\in\mathcal{P}(K)$ について成立することを意味する．ここで c は p, α, k には依存している．

[証明] k に関する帰納法で示す．まず $k=1$ の場合．

$$(4.17)$$
$$\|Df\|_p \lesssim \left\|\left\{\int_0^\infty t\left|\frac{\partial}{\partial t}Q_t^{(\alpha+1)}Df\right|^2 dt\right\}^{1/2}\right\|_p \quad (\because (3.22))$$
$$= \left\|\left\{\int_0^\infty t|Q_t^{(\alpha+1)}\sqrt{\alpha+1-L}\,Df|^2 dt\right\}^{1/2}\right\|_p$$
$$= \left\|\left\{\int_0^\infty t|DQ_t^{(\alpha)}\sqrt{\alpha-L}\,f|^2 dt\right\}^{1/2}\right\|_p \quad (\because \text{系 } 4.2)$$
$$\lesssim \|\sqrt{\alpha-L}\,f\|_p. \quad (\because (3.21))$$

逆向きの不等式を示すのは，双対性による．$f, g\in\mathcal{P}(K)$ に対し

第4章 抽象 Wiener 空間上の Sobolev 空間

(4.18) $$\int_B (\sqrt{\alpha-L}f(x), \sqrt{\alpha-L}g(x))_K\, \mu(dx)$$
$$= \int_B ((\alpha-L)f(x), g(x))_K\, \mu(dx)$$
$$= \alpha \int_B (f(x), g(x))_K\, \mu(dx) + \int_B (Df(x), Dg(x))_{\mathcal{L}_{(2)}(H;K)}\, \mu(dx)$$

が成立する.ただし,最後の行で(2.26)を用いた.(2.26)は実数値の関数についてであったが,Hilbert 空間値関数に対しても同様に成立することは,成分ごとに考えればよいから明らかである.そこで q を p の共役指数とする:$\frac{1}{p}+\frac{1}{q}=1$.まず,$\alpha>0$ の場合から考えよう.

$$\left|\int_B (\sqrt{\alpha-L}f(x), g(x))_K\, \mu(dx)\right|$$
$$= \left|\int_B (\sqrt{\alpha-L}f(x), \sqrt{\alpha-L}\sqrt{\alpha-L}^{-1}g(x))_K\, \mu(dx)\right|$$
$$= \left|\int_B \{\alpha(f(x), \sqrt{\alpha-L}^{-1}g(x))_K \right.$$
$$\left. + (Df(x), D\sqrt{\alpha-L}^{-1}g(x))_{\mathcal{L}_{(2)}(H;K)}\}\mu(dx)\right|$$
$$\leqq \alpha\|f\|_p \|\sqrt{\alpha-L}^{-1}g\|_q + \|Df\|_p \|D\sqrt{\alpha-L}^{-1}g\|_q$$
$$\lesssim \sqrt{\alpha}\|f\|_p\|g\|_q + \|Df\|_p\|\sqrt{\alpha-L}\sqrt{\alpha-L}^{-1}g\|_q$$
$$(\because \text{命題 4.3 と (4.17)})$$
$$= (\sqrt{\alpha}\|f\|_p + \|Df\|_p)\|g\|_q.$$

これから $\|\sqrt{\alpha-L}f\|_p \lesssim \sqrt{\alpha}\|f\|_p + \|Df\|_p$ を得る.

次に,$\alpha=0$ の場合は

$$\left|\int_B (\sqrt{-L}f(x), g(x))_K\, \mu(dx)\right|$$
$$= \left|\int_B (\sqrt{-L}f(x), (1-J_0)g(x))_K\, \mu(dx)\right|$$
$$= \left|\int_B (\sqrt{-L}f(x), \sqrt{-L}\int_0^\infty Q_t^{(0)}(1-J_0)dt\, g(x))_K\, \mu(dx)\right|$$
$$= \left|\int_B (Df(x), D\int_0^\infty Q_t^{(0)}(1-J_0)dt\, g(x))_{\mathcal{L}_{(2)}(H;K)}\, \mu(dx)\right|$$

$$\leqq \|Df\|_p \left\|D\int_0^\infty Q_t^{(0)}(1-J_0)dtg\right\|_q$$
$$\lesssim \|Df\|_p \left\|\sqrt{-L}\int_0^\infty Q_t^{(0)}(1-J_0)dtg\right\|_q$$
$$= \|Df\|_p \|(1-J_0)g\|_q$$
$$\lesssim \|Df\|_p \|g\|_q.$$

次に k のときを仮定して,$k+1$ のときを示そう.

$$\|D^{k+1}f\|_p = \|DD^k f\|_p$$
$$\lesssim \|\sqrt{\alpha+k-L}D^k f\|_p \quad (k=1 \text{ の場合})$$
$$= \|D^k \sqrt{\alpha-L}f\|_p \quad (\because (4.10))$$
$$\lesssim \|\sqrt{\alpha-L}^{k+1}f\|_p \quad (k \text{ のときの仮定})$$

となる.

逆向きの不等式は α で場合分けをして示す.$\alpha>0$ のとき,

$$\|\sqrt{\alpha-L}^{k+1}f\|_p$$
$$= \|\sqrt{\alpha-L}\sqrt{\alpha-L}^k f\|_p$$
$$\lesssim \|\sqrt{\alpha-L}^k f\|_p + \|\sqrt{\alpha+1-L}^k Df\|_p \quad (k=1 \text{ の場合と系 } 4.2)$$
$$\lesssim \sum_{l=0}^k \|D^l f\|_p + \sum_{l=0}^k \|D^l Df\|_p \quad (k \text{ のときの仮定})$$
$$\lesssim \sum_{l=0}^{k+1} \|D^l f\|_p.$$

$\alpha=0$ の場合は

$$\|\sqrt{-L}^{k+1}f\|_p = \|\sqrt{-L}\sqrt{-L}^k f\|_p$$
$$\lesssim \|D\sqrt{-L}^k f\|_p \quad (k=1 \text{ の場合})$$
$$\lesssim \|\sqrt{1-L}^k Df\|_p \quad (\text{系 } 4.2)$$
$$\lesssim \sum_{l=0}^k \|D^l Df\|_p \quad (\alpha=1 \text{ のときの結果})$$

$$\lesssim \sum_{l=1}^{k+1} \|D^l f\|_p$$

となり,帰納法によりすべての場合が示せた.

定理 4.4 は 2 つのノルム $\|\sqrt{\alpha-L}^k f\|_p$ と $\sum_{l=0}^{k} \|D^l f\|_p$ との同値性を示しているわけだが,もう一つ同値なノルムを挙げておこう.そのために次の命題を準備する.

命題 4.5 $1 < p < \infty$, $k \in \mathbb{Z}_+$ に対し,

(4.19) $\qquad \|D^k f\|_p \lesssim \|f\|_p + \|D^{k+1} f\|_p, \quad \forall f \in \mathcal{P}(K)$.

[証明] まず,命題 4.1 から $J_0 D^k = D^k J_k$ がわかる.したがって,

$$\begin{aligned}
\|D^k f\|_p &\leqq \|J_0 D^k f\|_p + \|(1-J_0) D^k f\|_p \\
&\leqq \|D^k J_k f\|_p + \left\| \int_0^\infty Q_t^{(0)}(1-J_0) dt \sqrt{-L} D^k f \right\|_p \quad (\because \text{命題 4.3}) \\
&\lesssim \|\sqrt{-L}^k J_k f\|_p + \|\sqrt{-L} D^k f\|_p \quad ((4.16) \text{および命題 4.3}) \\
&\lesssim \|J_k f\|_p + \|D^{k+1} f\|_p \quad ((4.16)) \\
&\lesssim \|f\|_p + \|D^{k+1} f\|_p
\end{aligned}$$

となり,求める結果を得る.

上の命題を使えば,次の定理は明らかであろう.

定理 4.6 $1 < p < \infty$, $k \in \mathbb{Z}_+$ に対し

(4.20) $\qquad \|f\|_p + \|D^k f\|_p \lesssim \sum_{l=0}^{k} \|D^l f\|_p \lesssim \|f\|_p + \|D^k f\|_p, \quad \forall f \in \mathcal{P}(K)$

が成立する.

§4.2 Sobolev 空間 $W^{r,p}(K)$

(a) Sobolev 空間の定義

前節では,$\|\sqrt{\alpha-L}^k f\|_p$ と $\sum_{l=0}^{k} \|D^l f\|_p$ という 2 つのノルムが同値であることを示した.Sobolev 空間は,$\mathcal{P}(K)$ をノルム $\sum_{l=0}^{k} \|D^l f\|_p$ で完備化した空間とするのが自然であろうが,これはまた,ノルム $\|\sqrt{\alpha-L}^k f\|_p$ で完備化

しても同じものが得られる.しかも後者の立場をとるならば,k は自然数である必要もなくなる.実際,任意の実数 r に対して Sobolev 空間を定義することができる.

さて今まで通り (B, H, μ) を抽象 Wiener 空間,K を可分 Hilbert 空間とする.$r > 0$ に対し $L^p(\mu; K)$ 上の有界作用素を

$$(4.21) \qquad (1-L)^{-r/2} := \frac{1}{\Gamma(r/2)} \int_0^\infty e^{-t} t^{r/2-1} T_t dt$$

で定める.半群 $\{T_t\}$ は L^p の縮小半群だから $(1-L)^{-r/2}$ も縮小作用素となる.上の記号の正当性を見よう.L^2 における $-L$ のスペクトル分解 $\{E_\lambda\}$ を用いれば,半群は

$$T_t = \int_0^\infty e^{-\lambda t} dE_\lambda$$

と表わされる.よって (4.21) の右辺は

$$\begin{aligned}
右辺 &= \frac{1}{\Gamma(r/2)} \int_0^\infty e^{-t} t^{r/2-1} dt \int_0^\infty e^{-\lambda t} dE_\lambda \\
&= \frac{1}{\Gamma(r/2)} \int_0^\infty dE_\lambda \int_0^\infty e^{-(\lambda+1)t} t^{r/2-1} dt \\
&= \frac{1}{\Gamma(r/2)} \int_0^\infty dE_\lambda \int_0^\infty e^{-u} \left(\frac{u}{1+\lambda}\right)^{r/2-1} \frac{du}{1+\lambda} \quad (u = (1+\lambda)t) \\
&= \frac{1}{\Gamma(r/2)} \int_0^\infty \left(\frac{1}{1+\lambda}\right)^{r/2} dE_\lambda \int_0^\infty e^{-u} u^{r/2-1} du \\
&= \int_0^\infty (1+\lambda)^{-r/2} dE_\lambda.
\end{aligned}$$

よって,記号の正当化ができた.特に $r = 2$ のときはいつものレゾルベント G_1 になることはいうまでもない.さらに次が成立する.

命題 4.7 $r, s > 0$ に対し

$$(4.22) \qquad (1-L)^{-r/2}(1-L)^{-s/2} = (1-L)^{-(r+s)/2}.$$

さらに,$(1-L)^{-r/2}$ は単射で,像は L^p で稠密である.

[証明] L^2 の場合はスペクトル分解による表現から (4.22) は明らかである.一般の L^p の場合は,$L^p \cap L^2$ が L^p で稠密であることを使えば示せるが,

(4.21) の表現から直接出してみよう.

$$\frac{1}{\Gamma(r/2)\Gamma(s/2)} \int_0^\infty \int_0^\infty t^{r/2-1} u^{s/2-1} e^{-t} e^{-u} T_t T_u \, dt \, du$$
$$= \frac{1}{\Gamma(r/2)\Gamma(s/2)} \int_0^\infty \int_0^\infty t^{r/2-1} u^{s/2-1} e^{-(t+u)} T_{t+u} \, dt \, du$$
$$= \frac{1}{\Gamma(r/2)\Gamma(s/2)} \int_0^\infty e^{-w} T_w \, dw \int_0^w v^{r/2-1}(w-v)^{s/2-1} dv$$
$$(t=v,\ u=w-v)$$
$$= \frac{1}{\Gamma(r/2)\Gamma(s/2)} \int_0^\infty w^{(r+s)/2-1} e^{-w} T_w \, dw \int_0^1 \theta^{r/2-1}(1-\theta)^{s/2-1} d\theta.$$
$$(v=\theta w)$$

ここでベータ関数 $B(p,q) = \int_0^1 \theta^{p-1}(1-\theta)^{q-1} d\theta$ と公式 $B(p,q) = \dfrac{\Gamma(p)\Gamma(q)}{\Gamma(p+q)}$ を使うと,この式は

$$\frac{1}{\Gamma((r+s)/2)} \int_0^\infty w^{(r+s)/2-1} e^{-w} T_w \, dw = 右辺$$

となる.

単射であることは,$r=2$ の場合にレゾルベントであるからよく知られている.$0 < r < 2$ のときは $(1-L)^{-r/2}(1-L)^{-(2-r)/2} = (1-L)^{-1}$ に注意すれば $(1-L)^{-1}$ の単射性から $(1-L)^{-r/2}$ の単射性が従う.

また,$r>2$ の場合は $(1-L)^{-r/2}f = 0$ から $(1-L)^{-1}$ の単射性を使って,$(1-L)^{-(r-2)/2}f = 0$ が従う.以下これを繰り返して,$0 < r \leqq 2$ の場合に帰着される.

最後に,像が L^p で稠密であることを見よう.$\mathcal{P}(K)$ に制限して考えれば,$(1-L)^{-r/2}$ の逆写像が

(4.23) $$(1-L)^{r/2} = \sum_n (1+n)^{r/2} J_n$$

で与えられる.したがって $(1-L)^{-r/2}$ の像は $\mathcal{P}(K)$ を含むから,L^p で稠密である.

いま $\mathcal{P}(K)$ が L^2 において稠密であることに留意すれば,$(1-L)^{-r/2}$ の逆

写像が $\mathcal{P}(K)$ 上の写像 (4.23) の閉包であることは明らか．以下 $(1-L)^{r/2}$ は，$(1-L)^{-r/2}$ の逆作用素を意味するものとする．よって $(1-L)^{r/2}$ は L^p の閉作用素として扱う．したがって，$(1-L)^{r/2}$ はすべての実数 r に対して定義され (4.22) が成立している．また，$r=0$ に対しては $(1-L)^0=1$ と定義する．

さていよいよ抽象 Wiener 空間上の Sobolev 空間を定義することができる．

定義 4.8 $1 \leqq p < \infty$，$r \in \mathbb{R}$ とする．このとき $f \in \mathcal{P}(K)$ に対し，ノルム $\|f\|_{r,p}$ を

(4.24) $$\|f\|_{r,p} := \|(1-L)^{r/2} f\|_p$$

で定め，このノルムによる $\mathcal{P}(K)$ の完備化を $W^{r,p}(K)$ と書いて，**Sobolev 空間**と呼ぶ．$r > 0$ のときは，$W^{r,p}$ は L^p における $(1-L)^{-r/2}$ の像と一致する．また，$r=0$ のときは $W^{0,p}(K) = L^p(\mu; K)$ である． □

上の定義では $p=1$ の場合も含めてある．$p=1$ の場合でも $(1-L)^{-r/2}$ は有界作用素として意味を持ち，したがってそれによる L^1 の像として $W^{r,1}$ を定義することになんら問題はない．しかしながら，$p=1$ の場合は $\sqrt{\alpha-L}$ と D から決まるノルムの同値性がわかっていないので，以後のいろいろな計算に制約が出る．一般的にいって，D を同時に考えなければならないときは $p=1$ の場合を除外しなければならない．また双対性を使う場合も $p=1$ の場合を除外しなければならない．あまり神経質になることもないが，以下でも，特に $p=1$ の場合を除外する必要のないときには，含めてある．

命題 4.9 次が成立する:

(i) $1 \leqq p \leqq p' < \infty$，$r \leqq r'$ に対し，$W^{r',p'}(K) \subseteq W^{r,p}(K)$ で

(4.25) $$\|f\|_{r,p} \leqq \|f\|_{r',p'}, \quad \forall f \in W^{r',p'}(K).$$

(ii) ノルムの族 $\{\|\cdot\|_{r,p}; r \in \mathbb{R}, 1 \leqq p < \infty\}$ は次の意味で両立条件を満たす; $\{f_n\}$ が $\|\cdot\|_{r,p}$ および $\|\cdot\|_{r',p'}$ 両方のノルムに関して Cauchy 列で，$\|f_n\|_{r,p} \to 0$ ならば $\|f\|_{r',p'} \to 0$ である (r, r' および p, p' には特に大小関係は要求していない)．

[証明] (i) $f \in \mathcal{P}(K)$ に対して (4.25) を示せば十分である．また，$\|f\|_{r',p} \leqq \|f\|_{r',p'}$ だから，$\|f\|_{r,p} \leqq \|f\|_{r',p}$ を示せばよい．そこで命題 4.7 を使って

$$\|f\|_{r,p} = \|(1-L)^{r/2}f\|_p$$
$$= \|(1-L)^{-(r'-r)/2}(1-L)^{r'/2}f\|_p$$
$$\leqq \|(1-L)^{r'/2}f\|_p \quad (縮小性)$$
$$= \|f\|_{r',p}.$$

(ii) (i) の結果から $r' \geqq r$, $p' \geqq p$ の場合を示せばよい. $g_n = (1-L)^{r'/2}f_n$ とおく. $\{g_n\}$ は $L^{p'}$ での Cauchy 列だから極限 $g \in L^{p'}$ が存在する. また, 条件により $\lim_{n \to \infty} \|(1-L)^{r/2}f_n\|_p = 0$ である. さて, 任意に $k \in \mathcal{P}(K)$ をとれば, $(1-L)^{(r'-r)/2}k \in \mathcal{P}(K)$ であり

$$\int_B (g(x), k(x))_K \mu(dx)$$
$$= \lim_{n \to \infty} \int_B (g_n(x), k(x))_K \, \mu(dx)$$
$$= \lim_{n \to \infty} \int_B ((1-L)^{(r-r')/2}g_n(x), (1-L)^{(r'-r)/2}k(x))_K \, \mu(dx)$$
$$= \lim_{n \to \infty} \int_B ((1-L)^{(r-r')/2}(1-L)^{r'/2}f_n(x), (1-L)^{(r'-r)/2}k(x))_K \, \mu(dx)$$
$$= \lim_{n \to \infty} \int_B ((1-L)^{r/2}f_n(x), (1-L)^{(r'-r)/2}k(x))_K \, \mu(dx)$$
$$= 0.$$

これから $g = 0$ が従う. ∎

(b) モーメント不等式

さて命題 4.5 と関連して, 次のモーメント不等式と呼ばれるものを証明しておこう.

命題 4.10 $\alpha < \beta < \gamma$ に対してある定数 $c = c(\alpha, \beta, \gamma) > 0$ が存在して

(4.26) $\quad \|(1-L)^\beta f\|_p \leqq c \|(1-L)^\alpha f\|_p^{\frac{\gamma-\beta}{\gamma-\alpha}} \|(1-L)^\gamma f\|_p^{\frac{\beta-\alpha}{\gamma-\alpha}}$

が成立する.

［証明］ まず, $0 < \alpha < 1$ に対し

§4.2 Sobolev 空間 $W^{r,p}(K)$ ──── 97

$$\begin{aligned}
(1-L)^{-\alpha}f &= \frac{1}{\Gamma(\alpha)}\int_0^\infty s^{\alpha-1}e^{-s}T_s f\,ds \\
&= \frac{1}{\Gamma(\alpha)}\int_0^u s^{\alpha-1}e^{-s}T_s f\,ds \\
&\quad -\frac{1}{\Gamma(\alpha)}\int_u^\infty s^{\alpha-1}\frac{d}{ds}(e^{-s}T_s)(1-L)^{-1}f\,ds \\
&= \frac{1}{\Gamma(\alpha)}\int_0^u s^{\alpha-1}e^{-s}T_s f\,ds - \frac{1}{\Gamma(\alpha)}s^{\alpha-1}e^{-s}T_s(1-L)^{-1}f\Big|_{s=u}^\infty \\
&\quad + \frac{\alpha-1}{\Gamma(\alpha)}\int_u^\infty s^{\alpha-2}e^{-s}T_s(1-L)^{-1}f\,ds \\
&= \frac{1}{\Gamma(\alpha)}\int_0^u s^{\alpha-1}e^{-s}T_s f\,ds + \frac{1}{\Gamma(\alpha)}u^{\alpha-1}e^{-u}T_u(1-L)^{-1}f \\
&\quad + \frac{\alpha-1}{\Gamma(\alpha)}\int_u^\infty s^{\alpha-2}e^{-s}T_s(1-L)^{-1}f\,ds.
\end{aligned}$$

さらに

$$\left\|\frac{1}{\Gamma(\alpha)}\int_0^u s^{\alpha-1}e^{-s}T_s f\,ds\right\|_p \leqq \frac{1}{\Gamma(\alpha)}\int_0^u s^{\alpha-1}\|f\|_p ds \leqq \frac{1}{\alpha\Gamma(\alpha)}u^\alpha\|f\|_p$$

および

$$\begin{aligned}
&\left\|\frac{1}{\Gamma(\alpha)}u^{\alpha-1}e^{-u}T_u(1-L)^{-1}f\right\|_p + \left\|\frac{\alpha-1}{\Gamma(\alpha)}\int_u^\infty s^{\alpha-2}e^{-s}T_s(1-L)^{-1}f\,ds\right\|_p \\
&\leqq \frac{1}{\Gamma(\alpha)}u^{\alpha-1}\|(1-L)^{-1}f\|_p + \frac{1-\alpha}{\Gamma(\alpha)}\int_u^\infty s^{\alpha-2}\|(1-L)^{-1}f\|_p ds \\
&\leqq \frac{1}{\Gamma(\alpha)}u^{\alpha-1}\|(1-L)^{-1}f\|_p + \frac{1}{\Gamma(\alpha)}u^{\alpha-1}\|(1-L)^{-1}f\|_p \\
&\leqq \frac{2}{\Gamma(\alpha)}u^{\alpha-1}\|(1-L)^{-1}f\|_p.
\end{aligned}$$

2つを合わせて

$$\|(1-L)^{-\alpha}f\|_p \leqq \frac{1}{\alpha\Gamma(\alpha)}u^\alpha\|f\|_p + \frac{2}{\Gamma(\alpha)}u^{\alpha-1}\|(1-L)^{-1}f\|_p.$$

右辺が最小となるのは $u=\dfrac{2(1-\alpha)\|(1-L)^{-1}f\|_p}{\|f\|_p}$ のときで，そのとき最小値

$$\frac{2^\alpha (1-\alpha)^{\alpha-1}}{\alpha \Gamma(\alpha)} \|f\|_p^{1-\alpha} \|(1-L)^{-1}f\|_p^\alpha$$

をとる.したがって,$(-1,-\alpha,0)$ という組に対して(4.26)が成立することが示せた.これをずらしていけば,$(n-1,\alpha,n)$ $(n-1<\alpha<n)$ に対して成立することがわかる.

次に,連続する3整数の場合を示そう.まず部分積分により $f \in \mathrm{Dom}(L^2)$ に対し

$$\int_0^t (t-s) T_s L^2 f ds = \int_0^t (t-s) \frac{d}{ds} T_s L f ds$$
$$= -tLf - \int_0^t \frac{d}{ds}(t-s) T_s L f ds$$
$$= -tLf + \int_0^t \frac{d}{ds} T_s f ds$$
$$= -tLf + T_t f - f.$$

これから

$$\|Lf\|_p \leqq t^{-1}(\|T_t f\|_p + \|f\|_p) + t^{-1} \int_0^t (t-s)\|T_s L^2 f\|_p ds$$
$$\leqq \frac{2}{t}\|f\|_p + \frac{t}{2}\|L^2 f\|_p$$

となり,$t = 2\|f\|_p^{1/2}\|L^2 f\|_p^{-1/2}$ とおけば

$$\|Lf\|_p \leqq 2\|f\|_p^{1/2}\|L^2 f\|_p^{1/2}$$

が従う.この議論は $\{T_t\}$ が縮小半群であることしか使っていないから,L の代わりに $L-1$ としても成立する.すなわち

(4.27) $\qquad \|(1-L)f\|_p \leqq 2\|f\|_p^{1/2}\|(1-L)^2 f\|_p^{1/2}.$

これをずらせば,連続3整数の場合が示せた.

あとは,これをつなげていくことになる.$\alpha<\beta<\gamma$ および $\beta<\gamma<\delta$ に対して(4.26)が成立しているとしよう.すると

$$\|(1-L)^\beta f\|_p \leqq c \|(1-L)^\alpha f\|_p^{\frac{\gamma-\beta}{\gamma-\alpha}} \|(1-L)^\gamma f\|_p^{\frac{\beta-\alpha}{\gamma-\alpha}}$$

§4.2　Sobolev 空間 $W^{r,p}(K)$ —— 99

$$\leq c'\|(1-L)^\alpha f\|_p^{\frac{\gamma-\beta}{\gamma-\alpha}} \{\|(1-L)^\beta f\|_p^{\frac{\delta-\gamma}{\delta-\beta}} \|(1-L)^\delta f\|_p^{\frac{\gamma-\beta}{\delta-\beta}}\}^{\frac{\beta-\alpha}{\gamma-\alpha}}.$$

よって

$$\|(1-L)^\beta f\|_p^{1-\frac{(\delta-\gamma)(\beta-\alpha)}{(\delta-\beta)(\gamma-\alpha)}} \leq c'\|(1-L)^\alpha f\|_p^{\frac{\gamma-\beta}{\gamma-\alpha}} \|(1-L)^\delta f\|_p^{\frac{(\gamma-\beta)(\beta-\alpha)}{(\delta-\beta)(\gamma-\alpha)}}.$$

ここで両辺を $\dfrac{(\gamma-\alpha)(\delta-\beta)}{(\delta-\alpha)(\gamma-\beta)}$ 乗すれば

$$\|(1-L)^\beta f\|_p^{\frac{(\gamma-\alpha)(\delta-\beta)}{(\delta-\alpha)(\gamma-\beta)}-\frac{(\delta-\gamma)(\beta-\alpha)}{(\delta-\alpha)(\gamma-\beta)}} \leq c''\|(1-L)^\alpha f\|_p^{\frac{\delta-\beta}{\delta-\alpha}} \|(1-L)^\delta f\|_p^{\frac{\beta-\alpha}{\delta-\alpha}}.$$

ここで

$$\frac{(\gamma-\alpha)(\delta-\beta)}{(\delta-\alpha)(\gamma-\beta)} - \frac{(\delta-\gamma)(\beta-\alpha)}{(\delta-\alpha)(\gamma-\beta)} = \frac{\gamma\delta-\beta\gamma-\alpha\delta+\alpha\beta-\beta\delta+\alpha\delta+\beta\gamma-\alpha\gamma}{(\delta-\alpha)(\gamma-\beta)}$$
$$= \frac{(\delta-\alpha)(\gamma-\beta)}{(\delta-\alpha)(\gamma-\beta)}$$
$$= 1.$$

結局,(4.26)が $\alpha<\beta<\delta$ に対しても成立する.$\alpha<\gamma<\delta$ に対しても同様.これを繰り返せば延長していくことができる.

また従属操作によって縮小することもできるから,すべての場合に成立する. ∎

この命題を使えば命題 4.5 の主張を次のように変えることができる:$p>1$ のとき,任意の $\varepsilon>0$ に対し $K>0$ を十分大きくとれば

(4.28) $\qquad \|D^k f\|_p \leq \varepsilon\|D^{k+1}f\|_p + K\|f\|_p, \quad \forall f \in W^{k+1,p}.$

この不等式は摂動の議論をするとき有効に使える.これを見るには上の命題に不等式 $xy \leq \dfrac{x^p}{p}+\dfrac{y^q}{q}$ $\left(\dfrac{1}{p}+\dfrac{1}{q}=1\right)$ を適用して $\alpha<\beta<\gamma$ に対し

(4.29)

$$\|(1-L)^\beta f\|_p \leq c\|(1-L)^\alpha f\|_p^{\frac{\gamma-\beta}{\gamma-\alpha}} \|(1-L)^\gamma f\|_p^{\frac{\beta-\alpha}{\gamma-\alpha}}$$
$$\leq c(\varepsilon^{-\frac{\beta-\alpha}{\gamma-\alpha}\cdot\frac{\gamma-\alpha}{\gamma-\beta}} \|(1-L)^\alpha f\|_p)^{\frac{\gamma-\beta}{\gamma-\alpha}} (\varepsilon\|(1-L)^\gamma f\|_p)^{\frac{\beta-\alpha}{\gamma-\alpha}}$$
$$\leq c\frac{\gamma-\beta}{\gamma-\alpha}\varepsilon^{-\frac{\beta-\alpha}{\gamma-\beta}} \|(1-L)^\alpha f\|_p + c\frac{\beta-\alpha}{\gamma-\alpha}\varepsilon\|(1-L)^\gamma f\|_p$$

が成立していることに注意すればよい．(4.28)の形にするには，Meyer の同値性を使う．

(c) $W^{r,p}(K)$ の双対空間

$r>0$ のとき，$W^{-r,q}(K)$ はもはや関数としては実現できない，いわば超関数である．ここでは $W^{-r,q}(K)$ が $W^{r,p}(K)$ $\left(\dfrac{1}{p}+\dfrac{1}{q}=1\right)$ の双対空間とみなせることを示そう．

命題 4.11 $r>0$, $1<p,q<\infty$ を $\dfrac{1}{p}+\dfrac{1}{q}=1$ を満たす指数とする．このとき

(4.30) $\qquad A=(1-L)^{-r/2}: L^p(\mu;K) \longrightarrow W^{r,p}(K),$

(4.31) $\qquad B=(1-L)^{-r/2}: W^{-r,q}(K) \longrightarrow L^q(\mu;K)$

はともに等距離の同型写像である．さらに
$$W^{-r,q}(K) \xrightarrow{B} L^q(\mu;K) \xrightarrow{\cong} L^p(\mu;K)^* \xrightarrow{A^{*-1}} W^{r,p}(K)^*$$
により，$W^{-r,q}(K)$ は $W^{r,p}(K)^*$ と同型である．この同型を $\iota: W^{-r,q}(K) \to W^{r,p}(K)^*$ とするとき，$g \in L^q(\mu;K) \subseteq W^{-r,q}(K)$ に対し

(4.32)
$$_{W^{r,p}(K)}\langle f, \iota g\rangle_{W^{r,p}(K)^*} = \int_B f(x)g(x)\mu(dx), \quad \forall f \in W^{r,p}(K) \subseteq L^p(\mu;K)$$

が成立する．

[証明] A が同型であることは明らかだろうから，B だけ見よう．定義から，$f \in L^q(\mu;K)$ に対し
$$\|(1-L)^{-r/2}f\|_q = \|f\|_{-r,q}$$
が成立している．すなわち B は $L^q(\mu;K)$ 上で等距離作用素である．$W^{-r,q}(K)$ は完備化なのであるから，結局 B は $W^{-r,q}(K)$ に一意的に拡張できて，やはり等距離作用素である．また，$f \in W^{r,p}(K)$, $g \in L^q(\mu;K)$ に対し
$$_{W^{r,p}(K)}\langle f, \iota g\rangle_{W^{r,p}(K)^*} = {}_{W^{r,p}(K)}\langle f, A^{*-1}Bg\rangle_{W^{r,p}(K)^*}$$
$$= {}_{L^p}\langle (1-L)^{r/2}f, (1-L)^{-r/2}g\rangle_{L^q}$$

$$= {}_{L^p}\langle f, g\rangle_{L^q}$$

が成立し，(4.32)が示された． ∎

命題 4.11 により，以後 $W^{-r,q}(K)$ は $W^{r,p}(K)$ の双対空間と見なす．

定義 4.12 $1<p<\infty$ に対し

(4.33) $$W^{\infty,p}(K) = \bigcap_{r\in\mathbb{R}} W^{r,p}(K),$$

(4.34) $$W^{-\infty,p}(K) = \bigcup_{r\in\mathbb{R}} W^{r,p}(K),$$

(4.35) $$\mathcal{W}(K) = \bigcap_{1<p<\infty} W^{\infty,p}(K),$$

(4.36) $$\mathcal{W}^*(K) = \bigcup_{1<p<\infty} W^{-\infty,p}(K)$$

と定める．$\mathcal{W}^*(K)$ の元を**一般 Wiener 汎関数**(あるいは超関数)と呼ぶ[*1]．特に $K=\mathbb{R}$ のときは単に $\mathcal{W}, \mathcal{W}^*$ 等と略記する． □

上のことから，$W^{\infty,p}(K)$ はノルムの族 $\{\|\cdot\|_{r,p}; r\in\mathbb{R}\}$ で定まる位相で Fréchet 空間である．また，$W^{\infty,p}(K)$ の双対空間は $W^{-\infty,q}(K)$ $\left(\dfrac{1}{p}+\dfrac{1}{q}=1\right)$ であり，$\mathcal{W}(K)$ の双対空間は $\mathcal{W}^*(K)$ であることは位相線形空間論の一般論である．

(d) D の連続性

微分作用素 D は $\mathcal{P}(K)$ の元に対してはすべての点で定義されている．これを L^p の枠組みで拡張していこう．

命題 4.13 $1<p<\infty, r\in\mathbb{R}$ を任意にとる．このとき
$$D\colon \mathcal{P}(K) \longrightarrow \mathcal{P}(\mathcal{L}_{(2)}(H;K))$$
は $W^{r+1,p}(K)$ から $W^{r,p}(\mathcal{L}_{(2)}(H;K))$ への連続な線形作用素に一意的に拡張できる．また，$p\leqq p', r\leqq r'$ のとき次の図式は可換となる．

[*1] 最近ではいろいろな一般汎関数のクラスが定義されている．ここでの定義は渡辺の意味での一般汎関数と呼ばれているものである．

$$W^{r'+1,p'}(K) \xrightarrow{D} W^{r',p'}(\mathcal{L}_{(2)}(H;K))$$
$$\downarrow \qquad\qquad \downarrow$$
$$W^{r+1,p}(K) \xrightarrow{D} W^{r,p}(\mathcal{L}_{(2)}(H;K)).$$

［証明］ まず $\mathcal{P}(K)$ 上において
$$(1-L)^{r/2}D = D(1-L)^{r/2}U$$
が成立している．ただし U は
$$U = (-L)^{r/2}(1-L)^{-r/2}$$
で与えられる．$U = \phi(-L)$ の形で表わせば，$\phi(\lambda) = \left(\dfrac{\lambda}{1+\lambda}\right)^{r/2}$ で $\phi\left(\dfrac{1}{z}\right) = \left(\dfrac{1}{1+z}\right)^{r/2}$ が $z=0$ の近傍で解析的であることに注意して，定理 2.20 から U は有界作用素である．したがって，$f \in \mathcal{P}(K)$ に対し

$$\begin{aligned}
\|Df\|_{r,p} &= \|(1-L)^{r/2}Df\|_p \\
&= \|D(1-L)^{r/2}Uf\|_p \\
&\lesssim \|(1-L)^{(r+1)/2}Uf\|_p \quad (\because 定理 4.4) \\
&= \|U(1-L)^{(r+1)/2}f\|_p \\
&\lesssim \|(1-L)^{(r+1)/2}f\|_p \quad (\because U は有界) \\
&= \|f\|_{r+1,p}.
\end{aligned}$$

よって D は連続に拡張される．また，図式の可換性は $\mathcal{P}(K)$ 上では明らかに成り立っているから極限をとればよい． ■

系 4.14 命題 4.13 で定まる作用素 $D: W^{1,p}(K) \to L^p(B,\mu;\mathcal{L}_{(2)}(H;K))$ は定義域が $W^{1,p}(K) \subseteq L^p(B,\mu;K)$ である $L^p(B,\mu;K)$ から $L^p(B,\mu;\mathcal{L}_{(2)}(H;K))$ への閉作用素である．

［証明］ $\{f_n\} \subseteq W^{1,p}(K)$ を $\|f_n\|_p \to 0$, ある $G \in L^p(B,\mu;\mathcal{L}_{(2)}(H;K))$ が存在して $\|Df_n - G\|_p \to 0$ が成立しているとする．$G=0$ を示せばよいわけである．

$\tilde{f}_n \in \mathcal{P}(K)$ を $\|\tilde{f}_n - f_n\|_{1,p} \leq \dfrac{1}{n}$ ととることにより初めから $\{f_n\} \subseteq \mathcal{P}(K)$ としてよい．定理 4.4 より

$$\|f_n - f_m\|_{1,p} = \|\sqrt{1-L}(f_n - f_m)\|_p$$
$$\lesssim \|f_n - f_m\|_p + \|D(f_n - f_m)\|_p$$

であり，しかも $\{f_n\}$, $\{Df_n\}$ はともに L^p での Cauchy 列だから，$\{f_n\}$ は $W^{1,p}(K)$ での Cauchy 列である．ここで命題 4.9 の (ii) を用いれば $\|f_n\|_{1,p} \to 0$ が従う．よって定理 4.4 より

$$\|Df_n\|_p \lesssim \|\sqrt{1-L}f_n\|_p = \|f_n\|_{1,p} \to 0$$

となり，$G = 0$ を得る． ∎

(e) D の双対作用素

D とともに重要な作用素としてその双対作用素がある．まずその定義から与えよう．

定義 4.15 $s \in \mathbb{R}$, $p, q > 1$ を $\dfrac{1}{p} + \dfrac{1}{q} = 1$ を満たす実数とする．このとき連続線形作用素

$$D\colon W^{s+1,p}(K) \longrightarrow W^{s,p}(\mathcal{L}_{(2)}(H;K))$$

の双対作用素を

$$D^*\colon W^{-s,q}(\mathcal{L}_{(2)}(H;K)) \longrightarrow W^{-s-1,q}(K)$$

と定める．D^* は連続である． □

D^* は定義から具体的な表示を与えることができる．それを次に見よう．

命題 4.16 $F \in \mathcal{P}(\mathcal{L}_{(2)}(H;K))$ に対し

(4.37) $$D^*F(x) = -\operatorname{tr} DF(x) + F(x)[x]$$

が成立する．したがって，$F \in \mathcal{P}(\mathcal{L}_{(2)}(H;K))$, $f \in \mathcal{P}$ のとき

(4.38) $$D^*(fF) = -(Df, F)_{\mathrm{HS}} + fD^*F$$

が成立する．

［証明］ (4.37) の右辺を G とおき，任意の $f \in \mathcal{P}(K)$ に対して

(4.39) $$\int_B (f(x), G(x))_K \mu(dx) = \int_B (Df(x), F(x))_{\mathrm{HS}} \mu(dx)$$

を示せばよい．f も G も有限次元的な関数だから

の場合に示そう.

$$
-\int_{\mathbb{R}^d} f(x)\left(\sum_{i=1}^d \frac{\partial F^i}{\partial x^i} - \sum_{i=1}^d F^i(x)x^i\right)\left(\frac{1}{2\pi}\right)^{d/2} e^{-|x|^2/2} dx
$$

$$
= -\sum_{i=1}^d \int_{\mathbb{R}^{d-1}} \left(\frac{1}{2\pi}\right)^{d/2} \exp\left\{-\frac{1}{2}\sum_{j\neq i}(x^j)^2\right\} dx^1 \overset{\overset{i}{\vee}}{\cdots} dx^d
$$

$$
\times \int_{\mathbb{R}} f(x)\left\{\frac{\partial F^i}{\partial x^i} - F^i(x)x^i\right\} e^{-(x^i)^2/2} dx^i
$$

$$
= -\sum_{i=1}^d \int_{\mathbb{R}^{d-1}} \left(\frac{1}{2\pi}\right)^{d/2} \exp\left\{-\frac{1}{2}\sum_{j\neq i}(x^j)^2\right\} dx^1 \overset{\overset{i}{\vee}}{\cdots} dx^d
$$

$$
\times \int_{\mathbb{R}} f(x) \frac{\partial}{\partial x^i}\left(F^i(x) e^{-(x^i)^2/2}\right) dx^i
$$

$$
= \sum_{i=1}^d \int_{\mathbb{R}^{d-1}} \left(\frac{1}{2\pi}\right)^{d/2} \exp\left\{-\frac{1}{2}\sum_{j\neq i}(x^j)^2\right\} dx^1 \overset{\overset{i}{\vee}}{\cdots} dx^d
$$

$$
\times \int_{\mathbb{R}} \frac{\partial}{\partial x^i} f(x) F^i(x) e^{-(x^i)^2/2} dx^i
$$

$$
= \int_{\mathbb{R}^d} \sum_{i=1}^d \frac{\partial f}{\partial x^i}(x) F^i(x) \left(\frac{1}{2\pi}\right)^{d/2} e^{-|x|^2/2} dx.
$$

よって(4.39)が成立する.

(4.38)は(4.37)から容易に従う.

上で行なった計算はWiener空間上で部分積分を行なったことになっている. 次章では部分積分はD^*を通じて表現されることになる. またD^*はDの共役作用素といってよいわけであるが, そのためにはDがどこからどこへの作用素かをはっきりさせる必要がある. 実際Dは有界作用素

(4.40) $\qquad D\colon L^p(B,\mu;K) \longrightarrow W^{-1,p}(\mathcal{L}_{(2)}(H;K))$

と見ることもできるし, 閉作用素

(4.41)
$$D\colon L^p(B,\mu;K) \longrightarrow L^p(B,\mu;\mathcal{L}_{(2)}(H;K)), \quad \mathrm{Dom}(D) = W^{1,p}(K)$$

と見ることもできる. (4.40)の方を$D_{1,0}$, (4.42)の方を$D_{0,0}$と書くことに

すれば，それぞれ双対作用素

$$D_{1,0}^*: W^{1,q}(\mathcal{L}_{(2)}(H;K)) \longrightarrow L^q(B,\mu;K),$$
$$D_{0,0}^*: L^q(\mathcal{L}_{(2)}(H;K)) \longrightarrow L^q(B,\mu;K)$$

が定義される．ここに q は p の共役指数である．$D_{1,0}^*$ と $D_{0,0}^*$ は同じではない．$D_{0,0}^*$ が $D_{1,0}^*$ の拡張になっていることは容易にわかるが，$D_{0,0}^*$ の定義域は $W^{1,q}(\mathcal{L}_{(2)}(H;K))$ よりは真に広いのである．ただ，定義域のことを別にすれば，それほどこだわる必要はない．D^* はもっとも広い $\mathcal{W}^*(\mathcal{L}_{(2)}(H;K))$ で定義されていると思ってよいわけで必要に応じて定義域を狭めていけばよい．

（f） 作用素の連続性

ここで，作用素 T_t, L, D, D^* および G_α の連続性に関することをまとめておく．ここに G_α は Green 作用素で

(4.42) $$G_\alpha = (\alpha - L)^{-1} = \int_0^\infty e^{-\alpha t} T_t dt, \quad \alpha > 0$$

で定義される．さらに $\alpha = 0$ の場合も便宜的に

(4.43) $$G_0 = \int_0^\infty T_t(1-J_0)dt$$

で定めておく．いずれにしても G_α が L^p での有界作用素として定まる．ただし，G_α, $\alpha > 0$ は $p \geq 1$ で定義できるが，G_0 は $p=1$ の場合を除外しなければならない．

定理 4.17 $p>1$, $s \in \mathbb{R}$ とする．次の作用素はすべて有界である．

(4.44) $\quad D: W^{s+1,p}(K) \longrightarrow W^{s,p}(\mathcal{L}_{(2)}(H;K)),$

(4.45) $\quad D^*: W^{s+1,p}(\mathcal{L}_{(2)}(H,K)) \longrightarrow W^{s,p}(K),$

(4.46) $\quad T_t: W^{s,p}(K) \longrightarrow W^{s,p}(K),$

(4.47) $\quad L: W^{s+2,p}(K) \longrightarrow W^{s,p}(K),$

(4.48) $\quad G_\alpha: W^{s-2,p}(K) \longrightarrow W^{s,p}(K).$

また，

$$(4.49) \qquad L = -D^*D$$

が成立する.ここで上の作用素は $\mathcal{P}(K)$ に制限したものが有界に拡張できることを意味する.

[証明] (4.44), (4.45)はすでに示した.残りを示すために $f \in \mathcal{P}(K)$ を任意にとる.まず(4.46)については

$$\begin{aligned}\|T_t f\|_{s,p} &= \|(1-L)^{s/2} T_t f\|_p = \|T_t (1-L)^{s/2} f\|_p \\ &\leqq \|(1-L)^{s/2} f\|_p = \|f\|_{s,p}\end{aligned}$$

より明らか.

(4.47)については

$$\begin{aligned}\|Lf\|_{s,p} &= \|(1-L)^{s/2} Lf\|_p \\ &\leqq \|(1-L)^{s/2}(1-L)f\|_p + \|(1-L)^{s/2} f\|_p \\ &= \|(1-L)^{(s+2)/2} f\|_p + \|(1-L)^{-1}(1-L)^{(s+2)/2} f\|_p \\ &\leqq (1+\|(1-L)^{-1}\|_{p\to p})\|(1-L)^{(s+2)/2} f\|_p \\ &= 2\|f\|_{s+2,p}.\end{aligned}$$

次に $\alpha > 0$ の場合に(4.48)を見よう.

$$\begin{aligned}\|G_\alpha f\|_{s,p} &= \|(1-L)^{s/2} (\alpha - L)^{-1} f\|_p \\ &= \|(\alpha - L)^{-1}(1-L)(1-L)^{(s-2)/2} f\|_p \\ &= \|(\alpha - L)^{-1}(1-L)\|_{p\to p} \|f\|_{s-2,p}.\end{aligned}$$

ここで $\|(\alpha-L)^{-1}(1-L)\|_{p\to p} < \infty$ は命題2.18ですでに見た通りである.

$\alpha = 0$ の場合は $G_0(1-L) = G_0 + (1-J_0)$ に注意すれば $\|G_0(1-L)\|_{p\to p} < \infty$ が従い,あとは上と同様にすればよい.

(4.49)は(2.16), (4.37)から直接計算してもわかるし,あるいは(2.26)からもわかる. ∎

もう一つ有用な連続性について述べておく.定理4.17は任意の $s \in \mathbb{R}$ について成り立つが,次の命題は自然数の場合だけに限定しなければならない.実際は補間理論を使えば,自然数以外の場合にも拡張できるのだがここではそれについては述べないことにする.

命題 4.18　$k\in\mathbb{Z}_+$, p,q,r を $\dfrac{1}{p}+\dfrac{1}{q}=\dfrac{1}{r}$ を満たす 1 より大きい実数, また K_1, K_2, K を可分 Hilbert 空間とする.

（ⅰ）　$(F,G)\mapsto F\otimes G$ は $W^{k,p}(K_1)\times W^{k,q}(K_2)$ から $W^{k,r}(K_1\otimes K_2)$ への連続な双線形写像である.

（ⅱ）　$(F,G)\mapsto (F,G)_K$ は $W^{k,p}(K)\times W^{k,q}(K)$ から $W^{k,r}(\mathbb{R})$ への連続な双線形写像である.

[証明]　いずれも Leibniz の公式から明らか.　∎

Leibniz の公式で具体的な形でよく使うのは $D(F\otimes G)=DF\otimes G+F\otimes DG$ のタイプである. Leibniz の公式以外にも合成関数の微分の公式など, Fréchet 微分に対して成立する公式は同様に成り立つ. いずれも $\mathcal{P}(K)$ 上でまず示しておいて, あとで極限をとればいいからである. この種の事実は以下断りなく使う.

さて定理 4.17 によって T_t, L, G_α は, $\mathcal{W}(K)$ から $\mathcal{W}(K)$ への連続な作用素であるし, $\mathcal{W}^*(K)$ から $\mathcal{W}^*(K)$ への作用素でもある. $\mathcal{W}^*(K)$ への位相の入れ方は弱位相, 強位相はじめいろいろあるが, $\mathcal{W}^*(K)$ に位相を入れて議論する必要は本書ではないので, 位相は考えないことにする. 本書では s,p を十分大きくとって $W^{s,p}(K)$ の Banach 空間としての双対空間を考えたので十分である.

ただ, 上の 3 つの作用素の対称性はよく使う. 例えば
$$_{\mathcal{W}(K)}\langle T_t f,g\rangle_{\mathcal{W}^*(K)}={}_{\mathcal{W}(K)}\langle f,T_t g\rangle_{\mathcal{W}^*(K)}$$
は明らかに成立する. この種の対称性は断りなしに使っていくし, また対も繁雑な場合は $\langle\,,\,\rangle$ と空間を省略することもある.

（q）　Sobolev 空間のもう一つの定義

$k\in\mathbb{Z}_+$ に対し, $\sum_{l=0}^{k}\|D^l f\|_p$ というノルムで $\mathcal{P}(K)$ を完備化した空間が $W^{k,p}(K)$ になることは定理 4.4 によってわかるわけだが, それとは別に D^* を用いて超関数的に Sobolev 空間を定義することができる. 以下, それらが一致することを見ていくことにする.

定義 4.19 $1<p<\infty$, $k\in\mathbb{Z}_+$ に対し $\hat{W}^{k,p}(K)$ を次の条件を満たす $F\in L^p(B,\mu;K)$ の全体とする：ある $F_k\in L^p(B,\mu;\mathcal{L}_{(2)}^k(H;K))$ が存在して，

(4.50)
$$\int_B (F(x),(D^*)^k f(x))_K \mu(dx) = \int_B (F_k(x),f(x))_{\mathcal{L}_{(2)}^k(H;K)}\mu(dx),$$
$$\forall f\in\mathcal{P}(\mathcal{L}_{(2)}^k(H;K)).\quad\square$$

$\hat{W}^{k,p}(K)$ と $W^{k,p}(K)$ が一致することは容易に予想される．その証明も今まで論じてきたことから困難なく与えることができる．まず簡単な次の補題を準備しよう．

補題 4.20 $F\in\mathcal{W}^*(K)$ が $F\in W^{s,p}(K)$ $(s\in\mathbb{R}, p>1)$ であるための必要十分条件は，ある定数 $c>0$ が存在して

(4.51) $\qquad |_{\mathcal{W}(K)}\langle f,F\rangle_{\mathcal{W}^*(K)}|\leq c\|f\|_{-s,q},\quad \forall f\in\mathcal{P}(K)$

が成立することである．ただし，$\dfrac{1}{p}+\dfrac{1}{q}=1$.

また上の定数 c の最小値は $\|F\|_{s,p}$ である．

[証明] $f\mapsto {}_{\mathcal{W}(K)}\langle f,F\rangle_{\mathcal{W}^*(K)}$ は条件から $W^{-s,q}(K)$ 上の連続線形汎関数に拡張できるから，ある $G\in(W^{-s,q}(K))^*=W^{s,p}(K)$ が存在して

$$_{\mathcal{W}(K)}\langle f,F\rangle_{\mathcal{W}^*(K)} = {}_{W^{-s,q}(K)}\langle f,G\rangle_{W^{s,p}(K)},\quad \forall f\in\mathcal{P}(K)$$

が成立する．これから $F=G$ が容易に従う． ∎

命題 4.21 $\hat{W}^{k,p}(K)=W^{k,p}(K)$ であり，定義 4.19 の F_k は $D^k F$ に等しい．

[証明] まず $\mathcal{P}(K)$ 上で

(4.52) $\qquad (D^*)^n(DG_0)^n = 1 - J_0 - J_1 - \cdots - J_{n-1}$

が成立することを n に関する帰納法で示そう．

最初に $n=1$ のときは

$$D^*D = -L = \sum_{k=0}^{\infty} kJ_k,$$

$$G_0 = \int_0^{\infty} T_t(1-J_0)dt = \sum_{k=1}^{\infty} \frac{1}{k}J_k$$

から $D^*DG_0 = 1-J_0$ は明らか.

次に n のときを仮定すると

$$\begin{aligned}(D^*)^{n+1}(DG_0)^{n+1} &= D^*(1-J_0-J_1-\cdots-J_{n-1})DG_0 \\ &= D^*DG_0(1-J_0-J_1-\cdots-J_n) \quad (\because \text{命題 } 4.1) \\ &= (1-J_0)(1-J_0-J_1-\cdots-J_n) \\ &= 1-J_0-J_1-\cdots-J_n\end{aligned}$$

となり，$n+1$ のときも正しいことがわかる.

そこで，q を p の共役指数とし $f \in \mathcal{P}(K)$ に対して

$$\begin{aligned}|_{\mathcal{W}(K)}\langle f, (1-J_0-J_1-\cdots-J_{k-1})F\rangle_{\mathcal{W}^*(K)}| \\ &= |_{\mathcal{W}(K)}\langle (1-J_0-J_1-\cdots-J_{k-1})f, F\rangle_{\mathcal{W}^*(K)}| \\ &= |_{\mathcal{W}(K)}\langle (D^*)^k(DG_0)^k f, F\rangle_{\mathcal{W}^*(K)}| \\ &= |_{L^q}\langle (DG_0)^k f, F_k\rangle_{L^p}| \\ &\leqq \|(DG_0)^k f\|_q \|F_k\|_p \quad (\because \text{Hölder の不等式}) \\ &\lesssim \|f\|_{-k,q} \|F_k\|_p. \quad (\because \text{定理 } 4.17)\end{aligned}$$

よって補題 4.20 から $(1-J_0-J_1-\cdots-J_{k-1})F \in W^{k,p}(K)$ となる．あとは，任意の $l \in \mathbb{Z}_+$ に対して $\mathcal{H}_l(K) \subseteq W^{k,p}(K)$ に注意すればよい.

$F \in W^{k,p}(K)$ がわかれば $D^k F = F_k$ は明らか. ∎

《 要 約 》

4.1 抽象 Wiener 空間上での Sobolev 空間の構成.

4.2 D および L でノルムを定めて Sobolev 空間を構成する．$p>1$ の場合は両者は一致する．また Sobolev ノルムに対してモーメント不等式が成立する.

4.3 D, D^*, L, G_α, T_t 等の作用素の Sobolev 空間における連続性.

4.4 一般 Wiener 汎関数 $\mathcal{W}^*(K)$ の定義を与えた．また Sobolev 空間は D^* を用いた超関数的な定義も可能である.

5 分布の絶対連続性と密度関数の滑らかさ

この章では Malliavin 解析の応用的な問題を取り扱う. まず初めに, 分布に関する問題を取り扱う. 特に分布が Lebesgue 測度に対して絶対連続になる条件, さらには密度関数が滑らかになる条件を Malliavin 解析の枠組みで論じる.

§5.1 分布の絶対連続性, 滑らかさ

分布の絶対連続性や滑らかさの問題は, 確率論においては重要な問題である. また微分方程式における準楕円性の問題は, 分布の滑らかさの問題と密接に関係している. 初めに $\mathbb{R}^N$ 上の分布が, 絶対連続や滑らかになるための解析的な条件から論じることにする.

(a) Sobolev の不等式

次の補題は Sobolev の不等式の特別な場合である. N を自然数として $\mathbb{R}^N$ 上の関数 f を考える. $\partial_j f = \dfrac{\partial f}{\partial x^j}$ で超関数の意味での微分を表わす. また高階の微分に対しては多重指数 $\alpha = (\alpha_1, \cdots, \alpha_N) \in \mathbb{Z}_+^N$ を用いて
$$\partial_\alpha f = \partial_1^{\alpha_1} \cdots \partial_N^{\alpha_N} f$$
で表わす.

関数 f の微分を $\nabla f = (\partial_1 f, \cdots, \partial_N f)$ とベクトル的に表示して

$$\|\nabla f\|_{L^p(\mathbb{R}^N)}^p = \int_{\mathbb{R}^N} \Big\{ \sum_{j=1}^N |\partial_j f(x)|^2 \Big\}^{p/2} dx$$

と定める.もちろん,この式は各 $\partial_j f$ が関数として実現されているときだけ意味を持ち, $\|\nabla f\|_{L^p(\mathbb{R}^N)}^p < \infty$ のとき $\nabla f \in L^p(\mathbb{R}^N)$ と記す.

補題 5.1 $p > N$ に対し,正数 C が存在して $f \in L^p(\mathbb{R}^N)$, $\nabla f \in L^p(\mathbb{R}^N)$ のとき,

(5.1) $$\|f\|_{C_b(\mathbb{R}^N)} \leqq C \|\nabla f\|_{L^p(\mathbb{R}^N)}^{N/p} \|f\|_{L^p(\mathbb{R}^N)}^{1-N/p}$$

が成立する.ここに, $\|\cdot\|_{C_b(\mathbb{R}^N)}$ は一様ノルムであり,上の式は f が連続関数として実現できることを意味している.

[証明] $f \in C_0^\infty(\mathbb{R}^N)$ の場合を示せば十分である. $\lambda > 0$ として $\lambda - \triangle$ の逆写像は Green 作用素と呼ばれ,半群 $\{e^{t\triangle}\}_{t \geqq 0}$ の Laplace 変換で表わされる.すなわち

$$G_\lambda(x) = \int_0^\infty \frac{1}{\sqrt{4\pi t}^N} \exp\{-\lambda t - |x|^2/4t\} dt$$

とおけば,

$$f = \lambda G_\lambda * f - G_\lambda * (\triangle f)$$

が成り立つ.ここで $*$ は合成積を表わす.部分積分により

$$f = \lambda G_\lambda * f - \sum_{j=1}^N \partial_j G_\lambda * (\partial_j f)$$

が従う.ここで q を p の共役指数(すなわち $\frac{1}{p} + \frac{1}{q} = 1$)として

$\|\lambda G_\lambda\|_{L^q(\mathbb{R}^N)}$

$$= \Big\{ \int_{\mathbb{R}^N} |\lambda G_\lambda(x)|^q dx \Big\}^{1/q}$$

$$= \frac{1}{\sqrt{4\pi}^N} \Big\{ \int_{\mathbb{R}^N} \Big\{ \int_0^\infty \lambda t^{-N/2} \exp\{-\lambda t - |x|^2/4t\} dt \Big\}^q dx \Big\}^{1/q}$$

$$= \frac{1}{\sqrt{4\pi}^N} \Big\{ \int_{\mathbb{R}^N} \Big\{ \int_0^\infty \lambda (u/\lambda)^{-N/2} \exp\Big\{-u - \frac{|y|^2/\lambda}{4u/\lambda}\Big\} \frac{du}{\lambda} \Big\}^q \lambda^{-N/2} dy \Big\}^{1/q}$$

$$(t = u/\lambda, \ x = y/\sqrt{\lambda})$$

$$= \frac{1}{\sqrt{4\pi}^N} \left\{ \int_{\mathbb{R}^N} \lambda^{-N/2+(Nq/2)} \left\{ \int_0^\infty u^{-N/2} \exp\{-u-|y|^2/4u\} du \right\}^q dy \right\}^{1/q}$$

$$= \frac{1}{\sqrt{4\pi}^N} \lambda^{N(q-1)/2q} \left\{ \int_{\mathbb{R}^N} \left\{ \int_0^\infty u^{-N/2} \exp\{-u-|y|^2/4u\} du \right\}^q dy \right\}^{1/q}$$

$$= A\lambda^{N/2p}.$$

また

$$\nabla G_\lambda = -\frac{1}{2\sqrt{4\pi}^N} \int_0^\infty t^{-(N+2)/2} x \exp\{-\lambda t - |x|^2/4t\} dt$$

であるから

$\|\nabla G_\lambda\|_{L^q(\mathbb{R}^N)}$

$$= \left\{ \int_{\mathbb{R}^N} |\nabla G_\lambda(x)|^q dx \right\}^{1/q}$$

$$= \frac{1}{2\sqrt{4\pi}^N} \left\{ \int_{\mathbb{R}^N} \left| \int_0^\infty t^{-(N+2)/2} x \exp\{-\lambda t - |x|^2/4t\} dt \right|^q dx \right\}^{1/q}$$

$$= \frac{1}{2\sqrt{4\pi}^N} \left\{ \int_{\mathbb{R}^N} \left\{ \int_0^\infty t^{-(N+2)/2} \exp\{-\lambda t - |x|^2/4t\} dt \right\}^q |x|^q dx \right\}^{1/q}$$

$$= \frac{1}{2\sqrt{4\pi}^N} \left\{ \int_{\mathbb{R}^N} \left\{ \int_0^\infty (u/\lambda)^{-(N+2)/2} \exp\left\{-u - \frac{|y|^2/\lambda}{4u/\lambda}\right\} \frac{du}{\lambda} \right\}^q \right.$$
$$\left. \times \lambda^{-q/2} |y|^q \lambda^{-N/2} dy \right\}^{1/q} \qquad (t = u/\lambda,\ x = y/\sqrt{\lambda})$$

$$= \frac{1}{2\sqrt{4\pi}^N} \left\{ \int_{\mathbb{R}^N} \lambda^{N(q-1)/2 - q/2} \right.$$
$$\left. \times \left\{ \int_0^\infty u^{-(N+2)/2} \exp\{-u - |y|^2/4u\} du \right\}^q |y|^q dy \right\}^{1/q}$$

$$= \frac{1}{2\sqrt{4\pi}^N} \lambda^{N(q-1)/2q - 1/2}$$
$$\times \left\{ \int_{\mathbb{R}^N} \left\{ \int_0^\infty u^{-(N+2)/2} \exp\{-u - |y|^2/4u\} du \right\}^q |y|^q dy \right\}^{1/q}$$

$$= B\lambda^{N/2p - 1/2}.$$

両者から
$$\|f\|_{C_b(\mathbb{R}^N)} \leqq A\lambda^{N/2p}\|f\|_{L^p(\mathbb{R}^N)} + B\lambda^{N/2p-1/2}\|\nabla f\|_{L^p(\mathbb{R}^N)}.$$
右辺は，$\sqrt{\lambda} = B(p-N)\|\nabla f\|_{L^p(\mathbb{R}^N)}/AN\|f\|_{L^p(\mathbb{R}^N)}$ のとき最小で，最小値
$$A^{1-N/p}B^{N/p}\frac{p}{N}\left(\frac{p-N}{N}\right)^{N/p-1}\|f\|_{L^p(\mathbb{R}^N)}^{1-N/p}\|\nabla f\|_{L^p(\mathbb{R}^N)}^{N/p}$$
をとる．これから主張が従う． ∎

例題 5.2 $q < N/(N-1)$ に対し
$$\int_{\mathbb{R}^N}\left\{\int_0^\infty u^{-N/2}\exp\{-u-|y|^2/4u\}du\right\}^q dy < \infty$$
および
$$\int_{\mathbb{R}^N}\left\{\int_0^\infty u^{-(N+2)/2}\exp\{-u-|y|^2/4u\}du\right\}^q |y|^q dy < \infty$$
を示せ． □

(b) $\mathbb{R}^N$ 上の関数の滑らかさ

Sobolev の不等式を使って関数の滑らかさに関する十分条件を与える．

定理 5.3 $p > N$ とする．$\mathbb{R}^N$ 上の(正の)有限測度 ρ に対し，$g = (g_1, \cdots, g_N) \in L^p(\rho)$ が存在して，

(5.2) $\quad\displaystyle\int_{\mathbb{R}^N}\partial_j\varphi d\rho = \int_{\mathbb{R}^N}\varphi g_j d\rho, \quad \varphi \in C_0^\infty, \ j = 1, \cdots, N$

が成立しているとする．このとき，ρ は次を満たす有界連続な密度関数 $f \in C_b(\mathbb{R}^N)$ を持つ：

(5.3) $\quad\|f\|_{C_b(\mathbb{R}^N)} \leqq C\|g\|_{L^p(\rho)}^N \rho(\mathbb{R}^N)^{1-N/p}.$

ここに C は N および p にのみ関係する定数．

次に $\nu = h_0\rho$ ($h_0 \in L^p(\rho)$) に対し $h = (h_1, \cdots, h_N) \in L^p(\rho)$ が存在して，

(5.4) $\quad\displaystyle\int_{\mathbb{R}^N}\partial_j\varphi d\nu = \int_{\mathbb{R}^N}\varphi h_j d\rho, \quad \varphi \in C_0^\infty, \ j = 1, \cdots, N$

が満たされるならば，ν は有界連続な密度関数 $k \in C_b(\mathbb{R}^N)$ を持ち，定数 $C = C_{N,p}$ がとれて

§5.1 分布の絶対連続性,滑らかさ —— 115

(5.5) $$\|k\|_{C_b(\mathbb{R}^N)} \leq C\|h\|_{L^p(\rho)}^{N/p}\|h_0\|_{L^p(\rho)}^{1-N/p}\|f\|_{C_b(\mathbb{R}^N)}^{1-1/p}$$

が成立する.さらに高階の微分に関して自然数 n が存在し,任意の $0 < |\alpha| \leq n$ に対して $h_\alpha \in L^p(\rho)$ がとれて

(5.6) $$\int_{\mathbb{R}^N} \partial_\alpha \varphi \, d\nu = \int_{\mathbb{R}^N} \varphi h_\alpha \, d\rho, \quad \varphi \in C_0^\infty$$

が成立しているならば, $k \in C_b^{n-1}(\mathbb{R}^N)$ で $C = C_{N,n,p}$ が存在し

(5.7) $$\|\partial_\alpha k\|_{C_b(\mathbb{R}^N)} \leq C \Big\{ \sum_{j=1}^{N} \|h_{\alpha+\delta_j}\|_{L^p(\rho)}^{N/p} \Big\} \|h_\alpha\|_{L^p(\rho)}^{1-N/p} \|f\|_{C_b(\mathbb{R}^N)}^{1-1/p}.$$

ここで $\delta_j = (0, \cdots, 0, \overset{j}{1}, 0, \cdots, 0)$. 特に

(5.8) $$\|k\|_{C_b^{n-1}(\mathbb{R}^N)} := \sum_{|\alpha| \leq n-1} \|\partial_\alpha k\|_\infty$$
$$\leq C \Big\{ \|h_0\|_{L^p(\rho)} + \sum_{0 < |\alpha| \leq n} \|h_\alpha\|_{L^p(\rho)} \Big\} \|f\|_{C_b(\mathbb{R}^N)}^{1-1/p}$$

が成り立つ.

[証明] まず $G_1, \nabla G_1 \in L^1(\mathbb{R}^N)$ だから

$$\rho = G_1 * \rho - \sum_{j=1}^{N} \partial_j G_1 * (g_j \rho) \in L^1(\mathbb{R}^N)$$

に注意しよう.したがって $\rho = f dx, f \in L_+^1(\mathbb{R}^N)$(非負の可積分関数).しかも $\partial_j f = -g_j f$ だから $\partial_j(f^{1/p}) = -(1/p)g_j f^{1/p}$ で $f^{1/p}, g_j f^{1/p} \in L^p(\mathbb{R}^N)$ だから補題 5.1 から

$$\|f^{1/p}\|_{C_b(\mathbb{R}^N)} \leq C\|(1/p)gf^{1/p}\|_{L^p(\mathbb{R}^N)}^{N/p}\|f^{1/p}\|_{L^p(\mathbb{R}^N)}^{1-N/p}$$
$$= Cp^{-N/p}\|g\|_{L^p(\rho)}^{N/p}\|f\|_{L^1(\mathbb{R}^N)}^{(1-N/p)/p}.$$

よって両辺を p 乗して

$$\|f\|_{C_b(\mathbb{R}^N)} \leq C^p p^{-N}\|g\|_{L^p(\rho)}^N\|f\|_{L^1(\mathbb{R}^N)}^{1-N/p}$$
$$= C^p p^{-N}\|g\|_{L^p(\rho)}^N \rho(\mathbb{R}^N)^{1-N/p}$$

となり,(5.3)を得る.

ν に対しても同様で，$\partial_j \nu = -h_j f$ だから $\nu = k dx$ ($k \in C_b(\mathbb{R}^N)$) で，

$$\|k\|_{C_b(\mathbb{R}^N)} \leq C \|hf\|_{L^p(\mathbb{R}^N)}^{N/p} \|h_0 f\|_{L^p(\mathbb{R}^N)}^{1-N/p}$$
$$= C \|hf^{1/p} f^{1-1/p}\|_{L^p(\mathbb{R}^N)}^{N/p} \|h_0 f^{1/p} f^{1-1/p}\|_{L^p(\mathbb{R}^N)}^{1-N/p}$$
$$\leq C \|h\|_{L^p(\rho)}^{N/p} \|h_0\|_{L^p(\rho)}^{1-N/p} \|f\|_{C_b(\mathbb{R}^N)}^{1-1/p}.$$

これが求める結果である．

高階の場合は，$\nu_\alpha(dx) = \partial_\alpha k(x) dx$ とおく．右辺の k の微分は超関数としての微分である．すると

$$\int_{\mathbb{R}^N} \varphi d\nu_\alpha = (-1)^{|\alpha|} \int_{\mathbb{R}^N} \partial_\alpha \varphi d\nu = (-1)^{|\alpha|} \int_{\mathbb{R}^N} \varphi h_\alpha d\rho.$$

よって $d\nu_\alpha = (-1)^{|\alpha|} h_\alpha d\rho$ であることがわかる．さらに

$$\int_{\mathbb{R}^N} \partial_j \varphi d\nu_\alpha = (-1)^{|\alpha|} \int_{\mathbb{R}^N} \partial_{\alpha+\delta_j} \varphi d\nu = (-1)^{|\alpha|} \int_{\mathbb{R}^N} \varphi h_{\alpha+\delta_j} d\rho.$$

よって(5.5)から(5.7)が従う．

(5.8)は帰納的に示せる． ∎

§5.2 Wiener 汎関数の定める分布の滑らかさ

さて，前節の結果を Wiener 空間上で定義されている関数が定める分布の絶対連続性の問題に応用していこう．

(a) Wiener 汎関数の分布の滑らかさ

定理 5.4 $p > N$ なる p を固定しておく．Wiener 空間上の関数 $F: B \to \mathbb{R}^N$ に対し

(5.9) $\quad E[\partial_j \varphi \circ F] = E[(\varphi \circ F) K_j], \quad \varphi \in C_0^\infty, \ j = 1, \cdots, N$

を満たす $K = (K_1, \cdots, K_N)$ が存在するとする．このとき $K \in L^p(\mu)$ ならば，像測度 $\rho = \mu \circ F^{-1}$ は有界連続な密度関数 $f \in C_b(\mathbb{R}^N)$ を持ち

(5.10) $\quad \|f\|_{C_b(\mathbb{R}^N)} \leq C \|K\|_{L^p(\mu)}^N$

が成立する．C は N および p にのみ関係する定数．

さらに $H_0 \in L^p(\mu)$ に対し，$H = (H_1, \cdots, H_N) \in L^p(\mu)$ が存在して，
(5.11) $\quad E[(\partial_j \varphi \circ F) H_0] = E[(\varphi \circ F) H_j], \quad \varphi \in C_0^\infty, \ j = 1, \cdots, N$
が満たされるならば，$\nu = (H_0 \mu) \circ F^{-1}$ は有界連続な密度関数 $k \in C_b(\mathbb{R}^N)$ を持ち，定数 $C = C_{N,p}$ が存在して

(5.12) $\quad \|k\|_{C_b(\mathbb{R}^N)} \leqq C \|H\|_{L^p(\mu)}^{N/p} \|H_0\|_{L^p(\mu)}^{1-N/p} \|f\|_{C_b(\mathbb{R}^N)}^{1-1/p}$

が成立する．

さらに，$0 < |\alpha| \leqq n$ に対して $H_\alpha \in L^p(\mu)$ が存在して
(5.13) $\quad E[(\partial_\alpha \varphi \circ F) H_0] = E[(\varphi \circ F) H_\alpha], \quad \varphi \in C_0^\infty$
ならば $k \in C_b^{n-1}(\mathbb{R}^N)$ で，定数 $C = C_{N,p,n}$ が存在して

(5.14) $\quad \|k\|_{C_b^{n-1}(\mathbb{R}^N)} \leqq C \Big(\|H_0\|_{L^p(\mu)} + \sum_{0 < |\alpha| \leqq n} \|H_\alpha\|_{L^p(\mu)} \Big) \|f\|_{C_b(\mathbb{R}^N)}^{1-1/p}$

が成立する．

[証明] $\rho_j = (K_j \mu) \circ F^{-1}$ とおくと
$$\Big| \int_{\mathbb{R}^N} \varphi d\rho_j \Big| = |E[(\varphi \circ F) K_j]|$$
$$\leqq \|K_j\|_{L^p(\mu)} \|\varphi \circ F\|_{L^{p'}(\mu)} = \|K_j\|_{L^p(\mu)} \|\varphi\|_{L^{p'}(\rho)}$$

が成立する．ここに p' は p の共役指数である．これから $\rho_j = g_j \rho$，$g_j \in L^p(\rho)$ が従う．さらに $\|g_j\|_{L^p(\rho)} \leqq \|K_j\|_{L^p(\mu)}$．

ここで(5.9)を書き直せば
$$\int_{\mathbb{R}^N} \partial_j \varphi d\rho = E[\partial_j \varphi \circ F] = E[(\varphi \circ F) K_j] = \int_{\mathbb{R}^N} \varphi g_j d\rho.$$

ここで定理5.3を使えば，求める結果(5.10)を得る．(5.12), (5.14)についても，同様である． ∎

(b) Wiener 汎関数の非退化性

さて，(5.9)の関係式はどのように確かめればよいのだろうか．$F = (F^1, \cdots, F^N): B \to \mathbb{R}^N$ を固定しておく．以下の計算では D のみが出てくるので，Sobolev 空間は D でノルムを定めたものとし，$p \geqq 1$ として議論を進める．

第5章 分布の絶対連続性と密度関数の滑らかさ

定義 5.5 $F \in W^{1,p}(\mathbb{R}^N)$ $(p \geq 1)$ のとき,次のように $\sigma = (\sigma^{ij}): B \to \mathbb{R}^N \otimes \mathbb{R}^N$ を定める.

(5.15) $$\sigma^{ij} := (DF^i, DF^j)_{H^*}.$$

この σ のことを **Malliavin の共分散行列**と呼ぶ. □

この Malliavin の共分散行列は部分積分の公式において重要な働きをする. 特に,σ が非退化であることが基本的で,標語的にいって F の滑らかさと,σ が非退化であることから,F の分布の絶対連続性や密度関数の滑らかさが従う.ここで,F の滑らかさは,今まで述べてきた Malliavin の意味での微分可能性によって記述できる.非退化の条件は $\Delta(x) = \det \sigma(x)$ として Δ^{-1} の可積分性によって表現すればよいのである.$\Delta^{-1} \in \bigcap_{p \geq 1} L^p(\mu)$ のとき,F は **Malliavin の意味で非退化**と呼ぶことにする.

以下,非退化な Wiener 汎関数の分布が滑らかな密度を持つことを証明していこう.$\Delta \neq 0$ a.e. のときは σ の逆行列が存在するからそれを $\gamma = (\gamma_{ij})$ と書く.

命題 5.6 $n \in \mathbb{Z}_+, p \geq 1$ とする.このとき,$F \in W^{n+1, 4N(n+1)p}(\mathbb{R}^N)$, $\Delta^{-1} \in L^{2(n+1)p}$ ならば $\gamma_{ij} DF^j \in W^{n,p}(H^*)$ で

(5.16) $$\|\gamma_{ij} DF^j\|_{n,p} \leq C \|DF\|_{n, 4N(n+1)p}^{2N(n+1)} \|\Delta^{-1}\|_{2(n+1)p}^{n+1}$$

が成り立つ.ここに $C > 0$ は N, n, p にのみに依存する定数である.特に,F には関係しない.

[証明] この証明の中では P_l で一般に高々 l 次の多項式を表わすことにする.したがって $P_l(DF, D^2F, \cdots, D^nF)$ は,$DF, D^2F, \cdots, D^nF$ の高々 l 次の多項式を表わし,さらに内積や,テンソル積なども含んでよいものとする.例えば $(DF^i \otimes DF^j, D^2 F^k)_{\mathcal{L}^2_{(2)}(H;\mathbb{R})}$ は $P_3(DF, D^2F)$ と表わす.以上の約束の下で逆行列 γ は σ の余因子行列を用いて表現できるから

$$\gamma_{ij} = \frac{\sigma \text{の成分の} N-1 \text{次の多項式}}{\Delta}.$$

したがって

§5.2 Wiener 汎関数の定める分布の滑らかさ

$$\gamma_{ij} DF^j = P_{2N-1}(DF) \Delta^{-1},$$
$$\Delta = P_{2N}(DF).$$

さて Δ^{-1} の微分に関しては $\varepsilon > 0$ をとり $\sigma_\varepsilon = \sigma + \varepsilon I$, $\Delta_\varepsilon = \det \sigma_\varepsilon$ とおけば, $\Delta_\varepsilon \geq \varepsilon^N$ だから Δ_ε^{-1} は微分可能で

$$D\Delta_\varepsilon^{-1} = -\frac{D\Delta_\varepsilon}{\Delta_\varepsilon^2}.$$

ここで $\varepsilon \downarrow 0$ とすれば, 右辺は収束するから

$$D\Delta^{-1} = -\frac{D\Delta}{\Delta^2}$$

が成立する. ここで $\Delta = P_{2N}(DF)$ だから $D\Delta = P_{2N}(DF, D^2F)$ に注意しよう. よって

$$\begin{aligned} D(\gamma_{ij} DF^j) &= P_{2N-1}(DF, D^2F) \Delta^{-1} - D\Delta \otimes P_{2N-1}(DF) \Delta^{-2} \\ &= P_{2N-1}(DF, D^2F) \Delta \Delta^{-2} - P_{2N}(DF, D^2F) \otimes P_{2N-1}(DF) \Delta^{-2} \\ &= P_{2N+2N-1}(DF, D^2F) \Delta^{-2}. \end{aligned}$$

以下これを繰り返せば一般に

$$\begin{aligned} D^l(\gamma_{ij} DF^j) &= P_{2Nl+2N-1}(DF, D^2F, \cdots, D^{l+1}F) \Delta^{-(l+1)} \\ &= P_{2N(l+1)}(DF, D^2F, \cdots, D^{l+1}F) \Delta^{-(l+1)}. \end{aligned}$$

ここでわざと次数を粗く評価したのは, 表示を簡単にするためである. このあたりの計算は粗い評価で十分である. 上のことから

$$\begin{aligned} \|D^l(\gamma_{ij} DF^j)\|_p &\leq \|P_{2N(l+1)}(DF, D^2F, \cdots, D^{l+1}F)\|_{2p} \|\Delta^{-(l+1)}\|_{2p} \\ &\lesssim \|DF\|_{l, 4N(l+1)p}^{2N(l+1)} \|\Delta^{-1}\|_{2(l+1)p}^{l+1}. \end{aligned}$$

l について足し合わせれば,

$$\|\gamma_{ij} DF^j\|_{k,p} \lesssim \|DF\|_{k, 4N(k+1)p}^{2N(k+1)} \|\Delta^{-1}\|_{2(k+1)p}^{k+1}.$$

ただし上で一番次数の高いもので押えられるのは

$$1 = \|P_{2N}(DF)\Delta^{-1}\|_q$$
$$\leqq \|P_{2N}(DF)\|_{2q}\|\Delta^{-1}\|_{2q}$$
$$\lesssim \|DF\|_{4Nq}^{2N}\|\Delta^{-1}\|_{2q}$$
$$\leqq \|DF\|_{k,4Nq}^{2N}\|\Delta^{-1}\|_{2q}$$

が成立することによる．

次に部分積分の公式を準備する．そのために記号の準備をしよう．

(5.17) $$\Phi_i G = D^*\left(\sum_{j=1}^{N} \gamma_{ij} DF^j G\right)$$

で定め，さらに多重指標 $\alpha = (\alpha_1, \cdots, \alpha_N) \in \mathbb{Z}_+^N$ に対し，

(5.18) $$\Phi_\alpha G = \Phi_1^{\alpha_1} \circ \cdots \circ \Phi_N^{\alpha_N} G$$

で定める．上の定義は F に関係するが，F は与えられたものとして固定しておく．

$\delta_i = (0, \cdots, 0, \overset{i}{1}, 0, \cdots, 0)$ と書いて $\Phi_i = \Phi_{\delta_i}$ である．

命題 5.7 $k \in \mathbb{Z}_+,\ p > 1,\ \alpha \in \mathbb{Z}_+^N$ とする．また

(5.19) $$M(\alpha, k) = \frac{1}{2}|\alpha|^2 + \frac{3}{2}|\alpha| + k|\alpha|$$

と定める．さらに，指数 $s > 1,\ r > 1$ を

(5.20) $$\frac{1}{s} = \frac{M(\alpha, k)}{p} + \frac{1}{r}$$

を満たすようにとる．このとき，$F \in W^{k+|\alpha|+1, 4Np}$, $\Delta^{-1} \in L^{2p}$, $G \in W^{k+|\alpha|, r}$ ならば $\Phi_\alpha G \in W^{k,s}$ であり

(5.21) $$\|\Phi_\alpha G\|_{k,s} \leqq C\|DF\|_{k+|\alpha|, 4Np}^{2NM(\alpha, k)}\|\Delta^{-1}\|_{2p}^{M(\alpha, k)}\|G\|_{k+|\alpha|, r}$$

が成り立つ．ここに $C > 0$ は N, k, p にのみに依存する定数である．特に，$G = 1$ の場合は形式的に $r = \infty$, $\|G\|_{n,r} = 1$ として成立する．

[証明] $|\alpha|$ に関する帰納法で示していく．まず $\alpha = \delta_i$ のときを考えよう．定義 (5.19) から $M(\delta_i, k) = k + 2$ である．s, r は

§5.2 Wiener 汎関数の定める分布の滑らかさ

$$\frac{1}{s} = \frac{k+2}{p} + \frac{1}{r}$$

の関係式が成立しているから命題 5.6 から

$$\|\Phi_i G\|_{k,s} \leqq \sum_{j=1}^{N} \|D^*(\gamma_{ij} DF^j G)\|_{k,s}$$

$$\lesssim \sum_{j=1}^{N} \|\gamma_{ij} DF^j G\|_{k+1,s}$$

$$\lesssim \|DF\|_{k+1,4Np}^{2N(k+2)} \|\Delta^{-1}\|_{2p}^{k+2} \|G\|_{k+1,r}.$$

これはすなわち $\alpha = \delta_i$ のときに成立していることを意味する.

次に α のときを仮定して, $\alpha+\delta_i$ のときに成立することを見よう. s, r は

$$\frac{1}{s} = \frac{M(\alpha+\delta_i, k)}{p} + \frac{1}{r}$$

を満たしている. また(5.19)の定義から

(5.22) $\quad M(\alpha+\delta_i, k) = M(\alpha, k) + M(\delta_i, |\alpha|+k)$

が成立しているから r' を

$$\frac{1}{r'} = \frac{M(\delta_i, |\alpha|+k)}{p} + \frac{1}{r}$$

ととれば

$$\frac{1}{s} = \frac{M(\alpha, k)}{p} + \frac{1}{r'}$$

が成立する. $\alpha = \delta_i$ のときの結果から

$$\|\Phi_i G\|_{|\alpha|+k, r'} \lesssim \|DF\|_{|\alpha|+k+1, 4Np}^{2NM(\delta_i, |\alpha|+k)} \|\Delta^{-1}\|_{2p}^{M(\delta_i, |\alpha|+k)} \|G\|_{|\alpha|+k+1, r}.$$

また α のときの帰納法の仮定を使って

$$\|\Phi_\alpha(\Phi_i G)\|_{k,s} \lesssim \|DF\|_{k+|\alpha|, 4Np}^{2NM(\alpha, k)} \|\Delta^{-1}\|_{2p}^{M(\alpha, k)} \|\Phi_i G\|_{k+|\alpha|, r'}.$$

両者から(5.22)の関係式に注意して

$$\|\Phi_\alpha(\Phi_i G)\|_{k,s} \lesssim \|DF\|_{k+|\alpha|+1, 4Np}^{2NM(\alpha+\delta_i, k)} \|\Delta^{-1}\|_{2p}^{M(\alpha+\delta_i, k)} \|G\|_{k+|\alpha|+1, r}.$$

これで $\alpha+\delta_i$ のときが示せた. ∎

次の公式は**部分積分の公式**と呼ばれる. Malliavin 解析において基本的な働きをする重要な公式である.

命題 5.8 $p, r > 1$ が $1 > \dfrac{2}{p} + \dfrac{1}{r}$ を満たすとする.このとき $F \in W^{2,2Np}(\mathbb{R}^N)$, $\Delta^{-1} \in L^{2p}$, $G \in W^{1,r}$ ならば

(5.23) $\quad E[(\partial_j \varphi \circ F)G] = E[(\varphi \circ F)\Phi_j G], \quad j = 1, \cdots, N, \ \forall \varphi \in C_0^\infty(\mathbb{R}^N).$

さらに高階の微分に関しては,$\alpha \in \mathbb{Z}_+^N$ に対して p, r を $1 > \dfrac{M(\alpha, 0)}{p} + \dfrac{1}{r}$ を満たすようにとる.このとき,$F \in W^{|\alpha|+1, 4Np}$, $\Delta^{-1} \in L^{2p}$, $G \in W^{|\alpha|, r}$ ならば

(5.24) $\qquad\qquad E[(\partial_\alpha \varphi \circ F)G] = E[(\varphi \circ F)\Phi_\alpha G].$

[証明] 合成関数の微分から

$$D(\varphi \circ F) = \sum_{k=1}^{N}(\partial_k \varphi \circ F)DF^k.$$

よって

$$(D(\varphi \circ F), DF^l)_{H^*} = \sum_{k=1}^{N}(\partial_k \varphi \circ F)\sigma^{kl}.$$

両辺に逆行列 γ を掛けて

$$\sum_{l=1}^{N}(D(\varphi \circ F), DF^l)_{H^*}\gamma_{jl} = \partial_j \varphi \circ F.$$

これから

$$\begin{aligned}
E[(\partial_j \varphi \circ F)G] &= E\Big[\Big(D(\varphi \circ F), \sum_{l=1}^{N}DF^l \gamma_{jl}\Big)_{H^*} G\Big] \\
&= E\Big[\Big(D(\varphi \circ F), \sum_{l=1}^{N}\gamma_{jl}DF^l G\Big)_{H^*}\Big] \\
&= E\Big[(\varphi \circ F)D^*\Big(\sum_{l=1}^{N}\gamma_{jl}DF^l G\Big)\Big] \\
&= E[(\varphi \circ F)\Phi_j G]
\end{aligned}$$

となり (5.23) が示せた.

(5.24) は帰納的に示せる. ∎

以上の準備の下で,F の分布の密度関数に関する滑らかさの条件を F の微分可能性および Δ^{-1} の可積分性で次のように与えることができる.

§5.2 Wiener 汎関数の定める分布の滑らかさ

定理 5.9 $p > N$ とする．このとき，$F \in W^{2,8Np}(\mathbb{R}^N)$，$\Delta^{-1} \in L^{4p}$ ならば，$\mu \circ F^{-1}$ は Lebesgue 測度に対し絶対連続で，密度関数 f は $C_b(\mathbb{R}^N)$ に属し，p, N にのみ関係する定数 C が存在して

$$(5.25) \qquad \|f\|_{C_b(\mathbb{R}^N)} \leqq C\|DF\|_{1,8Np}^{4N^2}\|\Delta^{-1}\|_{4p}^{2N}$$

と評価される．

さらに f の $n-1$ 階までの微分可能性に関しては $M = n^2/2 + 3n/2$ とおいて $F \in W^{n+1,4NMp}$，$\Delta^{-1} \in L^{2Mp}$ を仮定すれば $f \in C_b^{n-1}(\mathbb{R}^N)$ が従い

$$(5.26) \quad \|f\|_{C_b^{n-1}(\mathbb{R}^N)} \leqq C'(1 + \|DF\|_{n,4NMp}^{2NM}\|\Delta^{-1}\|_{2Mp}^{M})\|f\|_{C_b(\mathbb{R}^N)}^{1-1/p}$$

が成り立つ．ここに C' は p, N, n にのみ関係する定数である．

[証明] 命題 5.8 から

$$E[\partial_j \varphi \circ F] = E[(\varphi \circ F)\Phi_j 1], \quad j = 1, \cdots, N.$$

さらに $1/p = 2/q$ となるように q をとれば (5.19) の定数は $M(\delta_i, 0) = 2$ だから命題 5.7 より

$$\|\Phi_j 1\|_p \leqq c_1 \|DF\|_{1,4Nq}^{4N}\|\Delta^{-1}\|_{2q}^{2}$$

が成立している．よって定理 5.4 から F の分布は Lebesgue 測度に対して絶対連続でその密度関数 f は (5.10) の評価から

$$\|f\|_{C_b(\mathbb{R}^N)} \leqq c_2 \sum_{j=1}^{N} \|\Phi_j 1\|_p^N \leqq c_2 N c_1^N \|DF\|_{1,8Np}^{4N^2}\|\Delta^{-1}\|_{4p}^{2N}$$

が従い，(5.25) の形で評価できる．

高階の場合も同様で，命題 5.8 より $|\alpha| \leqq n$ のとき

$$E[\partial_\alpha \varphi \circ F] = E[(\varphi \circ F)\Phi_\alpha 1]$$

である．$|\alpha| = n$ のとき $M(\alpha, 0) = n^2/2 + 3n/2 = M$ だから，$1/p = M/q$ となるように q を決めれば命題 5.7 より $|\alpha| \leqq n$ のとき

$$\|\Phi_\alpha 1\|_p \leqq c_3 \|DF\|_{n,4Nq}^{2NM}\|\Delta^{-1}\|_{2q}^{M}.$$

よって定理 5.4 から

$$\|f\|_{C_b^{n-1}(\mathbb{R}^N)} \leqq c_4 \Big(1 + \sum_{|\alpha| \leqq n} \|\Phi_\alpha 1\|_p\Big)\|f\|_{C_b(\mathbb{R}^N)}^{1-1/p}$$

$$\leqq c_3 c_4 N^n (1 + \|DF\|_{n,4NMp}^{2NM}\|\Delta^{-1}\|_{2Mp}^{M})\|f\|_{C_b(\mathbb{R}^N)}^{1-1/p}$$

となり求める結果を得る.

上の証明を少し工夫すれば,密度関数が急減少関数であることが示せる.それを最後に系として述べておこう.

系 5.10 $F \in W^{\infty,\infty-}(\mathbb{R}^N)$, $\Delta^{-1} \in L^{\infty-}$ とし,このとき,任意の $G \in W^{\infty,\infty-}$ に対し $\nu = (G\mu) \circ F^{-1}$ とおけば,$k \in \mathcal{S}(\mathbb{R}^N)$ ($\mathbb{R}^N$ の急減少関数の空間)が存在し $\nu(dx) = k(x)dx$ となる.

[証明] 任意の $\beta \in \mathbb{Z}_+^N$ に対し

$$\int_{\mathbb{R}^N} \varphi(x) x^\beta \nu(dx) = E[\varphi(F) F^\beta G]$$

より $x^\beta \nu = (F^\beta G \mu) \circ F^{-1}$ がわかる.さらに任意の $\alpha \in \mathbb{Z}_+^N$ に対し
$$E[(\partial_\alpha \varphi \circ F) F^\beta G] = E[(\varphi \circ F) \Phi_\alpha(F^\beta G)].$$
これから定理 5.4 を用いて,まず $\beta = 0$ のとき $\nu(dx) = k(x)dx$ と絶対連続であることがわかる.また任意に $p > N$ をとれば,β に対し f を F の分布の密度関数として

$$\|x^\beta k\|_{C_b^{n-1}(\mathbb{R}^N)} \leq C\Big(\|F^\beta G\|_p + \sum_{0<|\alpha|\leq n} \|\Phi_\alpha(F^\beta G)\|_p\Big) \|f\|_{C_b(\mathbb{R}^N)}^{1-1/p}.$$

これから $x^\beta k \in C_b^n(\mathbb{R}^N)$ が任意の $n \in \mathbb{N}$ について示せる.したがって,$k \in \mathcal{S}(\mathbb{R}^N)$.

《 要 約 》

5.1 Sobolev の補題に基づく,関数の正則性.

5.2 超関数的な微分を通じての分布の滑らかさに関する十分条件.

5.3 Malliavin の共分散行列,D^* 等による Wiener 汎関数に対する部分積分公式.

5.4 Malliavin の意味での Wiener 汎関数の非退化性.

5.5 非退化な Wiener 汎関数の分布が滑らかな密度関数を持つことの証明.

6 確率微分方程式への応用

確率微分方程式は様々な現実的モデルや偏微分方程式との関連などから,確率論における重要な研究対象である.ここではこれまでの Malliavin 解析を確率微分方程式に適用し,確率微分方程式の解の分布に関し,滑らかな密度関数を持つための条件を求める.これはまた,偏微分方程式論でよく知られた Hörmander による準楕円性の問題に対する確率論的なアプローチを与えることにもなる.

§6.1 確率微分方程式

今まで Wiener 汎関数を扱ってきたが,一般的な枠組みのみで,具体的なものはなかった.ここで,もっとも重要な Wiener 汎関数の例として確率微分方程式の解を扱う.確率微分方程式を考える前に,まず確率積分についてざっと復習しておく.また,確率積分と今までの微分との関係も見ていくことにする.

(a) 確率積分

$(C_0([0,T] \to \mathbb{R}^d), P^W)$ を Wiener 空間とする.この章では Wiener 測度は P^W で表わす.さて,$(\mathcal{F}_t)$-適合な関数の d 個の組 $\Phi = (\Phi_1, \cdots, \Phi_d)$ で

(6.1) $$|\Phi|_{\mathcal{L}^2(w)} = E\left[\int_0^T |\Phi(t)|^2 dt\right]^{1/2} < \infty$$

を満たすもの全体を $\mathcal{L}^2(w)$ と書いた. $\Phi \in \mathcal{L}^2(w)$ に対し確率積分 $I(\Phi)$ が次で定義される.

(6.2) $$I(\Phi) = \sum_{\alpha=1}^d \int_0^T \Phi_\alpha(t) dw_t^\alpha.$$

Φ は $\mathbb{R}^d$-値としたが,一般に Hilbert 空間に値をとる場合でも同様に定義される.したがって,Hilbert 空間 K に値をとる $(\mathcal{F}_t)$-適合な関数の d 個の組 $\Phi = (\Phi_1, \cdots, \Phi_d)$ で

(6.3) $$|\Phi|_{\mathcal{L}^2(w;K)} = E\left[\int_0^T |\Phi(t)|^2_{\mathbb{R}^d \otimes K} dt\right]^{1/2} < \infty$$

を満たすもの全体を $\mathcal{L}^2(w;K)$ と書くことにすれば,Φ に対して確率積分 $I(\Phi)$ が同様に定義される.ここで $|\Phi(t)|_{\mathbb{R}^d \otimes K}$ は $\mathbb{R}^d \otimes K$ でのノルム

$$|\Phi(t)|^2_{\mathbb{R}^d \otimes K} = \sum_{\alpha=1}^d |\Phi_\alpha(t)|^2_K$$

を表わす.あまり繁雑になるときは,ノルムを表わす添字は省略することにする.

今度の場合は,$I(\Phi)$ は K-値の確率変数になる.また区間 $[0,t]$ での確率積分は

(6.4) $$I(t;\Phi) = \sum_{\alpha=1}^d \int_0^t \Phi_\alpha(s) dw_s^\alpha = \sum_{\alpha=1}^d \int_0^T 1_{[0,t]}(s) \Phi_\alpha(s) dw_s^\alpha$$

で定義する.すると $(I(t;\Phi))_{0 \leq t \leq T}$ は連続マルチンゲールである.以下では,$I(\Phi)$ で確率過程 $(I(t;\Phi))_{0 \leq t \leq T}$ を表わすことにする.したがって,確率積分は確率過程に対し,あらたな確率過程を対応させる写像であると考える.さらに $I(\Phi)$ の 2 次変分は

(6.5) $$\langle I(\Phi) \rangle_t = \int_0^t |\Phi(s)|^2_{\mathbb{R}^d \otimes K} ds$$

で与えられる.

さてここで Burkholder の不等式より $p \geq 1$ に対し

$$(6.6) \qquad E[\langle I(\varPhi)\rangle_T^{p/2}] \sim E\Big[\sup_{0\leq t\leq T}|I(t;\varPhi)|^p\Big]$$

が成立する.ここに $\sim$ は定数倍で上下から評価されることを意味する.したがって,確率積分は L^p の枠組みでも考えることができる.すなわち,$\mathcal{L}^p(w;K)$ を K に値をとる $(\mathcal{F}_t)$-適合な関数の d 個の組 $\varPhi=(\varPhi_1,\cdots,\varPhi_d)$ で

$$(6.7) \qquad \|\varPhi\|_{\mathcal{L}^p(w;K)} = E\Big[\Big\{\int_0^T |\varPhi(t)|^2_{\mathbb{R}^d\otimes K}dt\Big\}^{p/2}\Big]^{1/p} < \infty$$

を満たすもの全体とすると,$\mathcal{L}^p(w;K)$ は Banach 空間で,確率積分 $I(\varPhi)$ が定義できる.ただし $I(\varPhi)\in L^p(P^W;K)$ である.

確率積分ではなく区間 $[0,T]$ 上の Lebesgue 積分が可能なクラスとして $\mathcal{L}^p(dt;K)$ を K に値をとる $(\mathcal{F}_t)$-適合な関数 $\varPsi$ で

$$(6.8) \qquad \|\varPsi\|_{\mathcal{L}^p(dt;K)} = \int_0^T E[|\varPsi(t)|_K^p]^{1/p}dt < \infty$$

を満たすもの全体とする.$\varPsi\in\mathcal{L}^p(dt;K)$ に対して

$$\int_0^T \varPsi(t)dt$$

が定義され,$L^p(P^W;K)$ の元を定める.実際このことは

$$(6.9) \qquad E\Big[\Big|\int_0^T \varPsi(t)dt\Big|_K^p\Big]^{1/p} \leq \int_0^T E[|\varPsi(t)|_K^p]^{1/p}dt$$

よりわかる.この不等式は Hölder 型ではないので見慣れない形をしているが $\varPsi(t)$ を Banach 空間 $L^p(P^W;K)$ に値をとる関数と見ればよく知られた不等式

$$\Big\|\int_0^T \varPsi(t)dt\Big\|_{L^p(P^W;K)} \leq \int_0^T \|\varPsi(t)\|_{L^p(P^W;K)}dt$$

を意味している.この型の不等式は以後断りなく使う.

(b) 確率積分の微分

次に,確率積分と微分との関係を見ていこう.大雑把にいって,被積分関数が微分できれば,その確率積分も微分できる,すなわち微分と積分

の順序交換が可能である．もちろん何らかの条件は必要であるので，その定式化をしていこう．今までと同様に $p > 1$ を固定しておき，K を可分な Hilbert 空間とする．そこで $\mathcal{L}^{n,p}(w;K)$ を K に値をとる $(\mathcal{F}_t)$-適合な関数の d 個の組 $\Phi = (\Phi_1, \cdots, \Phi_d)$ で，各 t に対し $\Phi(t) \in W^{n,p}(\mathbb{R}^d \otimes K)$ で $k = 0, 1, \cdots, n$ のとき $D^k \Phi \in \mathcal{L}^p(w, \mathbb{R}^d \otimes \mathcal{L}_{(2)}^k(H;K))$ であり

$$(6.10) \quad \|\Phi\|_{\mathcal{L}^{n,p}(w;K)} = E\Big[\sum_{k=0}^n \Big\{\int_0^T |D^k\Phi(t)|^2_{\mathbb{R}^d \otimes \mathcal{L}_{(2)}^k(H;K)} dt\Big\}^{p/2}\Big]^{1/p} < \infty$$

を満たすもの全体とする．

また t に関する積分に関しても同様に次の関数族を定義する．$\mathcal{L}^{n,p}(dt;K)$ を，K に値をとる $(\mathcal{F}_t)$-適合な関数 Ψ で，各 t に対し $\Psi(t) \in W^{n,p}(K)$ で $D^k\Psi \in \mathcal{L}^p(dt, \mathcal{L}_{(2)}^k(H;K))$ であり

$$(6.11) \quad \|\Phi\|_{\mathcal{L}^{n,p}(dt;K)} = \sum_{k=0}^n \int_0^T E[|D^k\Psi(t)|^p_{\mathcal{L}_{(2)}^k(H;K)}]^{1/p} dt < \infty$$

を満たすもの全体と定める．これらは，ともに Banach 空間になる．

さて，確率積分および時間 t に関する微分に対して次のことが成立する．

命題 6.1 $A = (A_1, \cdots, A_d) \in \mathcal{L}^{n,p}(w;K)$，$B \in \mathcal{L}^{n,p}(dt;K)$ および $\Gamma = (\Gamma(t); 0 \leqq t \leqq T)$ を K-値 $(\mathcal{F}_t)$-適合で，すべての t に対し $\Gamma(t) \in W^{n,p}(K)$ を満たし，さらに $D^k\Gamma$ は $\mathcal{L}_{(2)}^k(H;K)$-値 $(\mathcal{F}_t)$-適合で

$$(6.12) \quad \sum_{k=0}^n E\Big[\sup_{0 \leqq t \leqq T} |D^k\Gamma(t)|^p_{\mathcal{L}_{(2)}^k(H;K)}\Big] < \infty$$

を満たしているとする．このとき，Ψ を

$$(6.13) \quad \Psi(t) = \int_0^t A(s) \cdot dw_s + \int_0^t B(s) ds + \Gamma(t)$$

で定めると，すべての t に対し $\Psi(t) \in W^{n,p}(K)$ となり $k = 0, 1, \cdots, n$ に対し $D^k\Psi$ は $\mathcal{L}_{(2)}^k(H;K)$-値 $(\mathcal{F}_t)$-適合で

$$(6.14) \quad E\Big[\sup_{0 \leqq t \leqq T} |D^k\Psi(t)|^p_{\mathcal{L}_{(2)}^k(H;K)}\Big]^{1/p}$$

$$\lesssim \|A\|_{\mathcal{L}^{n,p}(w;K)} + \|B\|_{\mathcal{L}^{n,p}(dt;K)} + E\Big[\sup_{0 \leqq t \leqq T} |D^k\Gamma(t)|^p_{\mathcal{L}_{(2)}^k(H;K)}\Big]^{1/p}$$

が成立する.

また $D\Psi(t)$ は次で与えられる.

(6.15) $\quad D\Psi(t) = \int_0^t DA(s)\cdot dw_s + \int_0^{\cdot \wedge t} A(s)ds + \int_0^t DB(s)ds + D\Gamma(t).$

ここで右辺第2項については証明中で説明する.

［証明］ n に関する帰納法で証明する. $n=0$ のときは，例えば確率積分の部分については Burkholder の不等式から

(6.16) $\quad E\Big[\sup_{0\leqq t\leqq T}\Big|\int_0^t A(s)\cdot dw_s\Big|_K^p\Big]$

$\lesssim E\Big[\Big\{\int_0^T |A(s)|_{\mathbb{R}^d\otimes K}^2 ds\Big\}^{p/2}\Big] = \|A\|_{\mathcal{L}^p(w;K)}^p$

が従う.残りの部分も容易である.

次に $n-1$ のときを仮定して，n のときを証明しよう. Γ に関しては明らかである. t に関する積分は同様に行なうことができるので，確率積分の部分だけ主に見ていく.繁雑さを避けるために $d=1$ として Wiener 過程は1次元とする.確率積分に対しては，階段関数の場合を示せば，極限をとることにより一般の場合を証明することができる.

そこで分割 $0=t_0<t_1<\cdots<t_N=T$ が存在して
$$A(t) = A(t_j), \quad t \in [t_j, t_{j+1})$$
であるとする.
$$\int_0^T A(t)dw_t = \sum_{j=0}^{N-1} A(t_j)(w_{t_{j+1}} - w_{t_j}).$$
ここで
$$Dw_t = h^t$$
であることを思い起こそう.ただし同一視 $H=H^*$ を行なっている. $h^t \in H$ は

(6.17) $\quad h^t(s) = \int_0^s 1_{[0,t]}(u)du$

である.したがって

$$D\int_0^T A(t)dw_t = \sum_{j=0}^{N-1} DA(t_j)(w_{t_{j+1}} - w_{t_j}) + \sum_{j=0}^{N-1} (h^{t_{j+1}} - h^{t_j}) \otimes A(t_j).$$

ここで

$$\sum_{j=0}^{N-1} (h^{t_{j+1}} - h^{t_j}) \otimes A(t_j) = \int_0^{\cdot} A(t)dt$$

に注意しよう．これは $H \otimes K$ の元を定めている．実際は $\mathcal{L}_{(2)}(H;K)$ の元と見るべきであるが，同一視 $\mathcal{L}_{(2)}(H;K) = H^* \otimes K = H \otimes K$ を行なっているわけである．

$\int_0^{\cdot} A(t)dt \in W^{n,p}(H \otimes K)$ であることをまず見ておこう．これは H の完全正規直交系 $\{h_\lambda\}$ をとって

$$\int_0^{\cdot} A(t)dt = \sum_\lambda h_\lambda \otimes \int_0^T \dot{h}_\lambda(t)A(t)dt$$

と見たほうが考えやすいだろう．一般に左辺はこのように考えて $H \otimes K$ の元と見なす．こう考えれば右辺は t に関しての積分だから，微分することができ，$k = 0, 1, \cdots, n$ のとき

$$D^k \int_0^{\cdot} A(t)dt = \sum_\lambda h_\lambda \otimes \int_0^T \dot{h}_\lambda(t)D^k A(t)dt$$

が成立する．Hilbert–Schmidt ノルムを計算すれば

$$\left| D^k \int_0^{\cdot} A(t)dt \right|^2_{\mathcal{L}^k_{(2)}(H; H \otimes K)} = \sum_\lambda \left| \int_0^T \dot{h}_\lambda(t) D^k A(t) dt \right|^2_{\mathcal{L}^k_{(2)}(H;K)}$$

$$= \int_0^T |D^k A(t)|^2_{\mathcal{L}^k_{(2)}(H;K)} dt.$$

したがって，A に対する仮定から $\int_0^{\cdot} A(t)dt \in W^{n,p}(H \otimes K)$ で

$$\left\| D^k \int_0^{\cdot} A(t)dt \right\|_p = E\left[\left\{ \int_0^T |D^k A(t)|^2_{\mathcal{L}^k_{(2)}(H;K)} dt \right\}^{p/2} \right]^{1/p}$$

$$\leq \|A\|_{\mathcal{L}^{k,p}(w;K)}$$

が成立していることがわかる．結局

$$D\int_0^{\cdot} A(t)dw_t = \int_0^T DA(t)dw_t + \int_0^{\cdot} A(t)dt$$

が示せた.

終点の時刻を T として見てきたが,$t \in [0, T]$ としても同様で

$$D\int_0^t A(s)dw_s = \int_0^t DA(s)dw_s + \int_0^{\cdot \wedge t} A(s)ds$$

が成り立つ.

以上で

$$D\Psi(t) = \int_0^t DA(s)dw_s + \int_0^{\cdot \wedge t} A(s)ds + \int_0^t DB(s)ds + D\Gamma(t)$$

である.ここで $D\Psi$ はその形から $n-1$ のときの条件を満たしている.例えば $\int_0^{\cdot \wedge t} A(s)ds$ は仮定の Γ の部分に相当している.実際さきほどの計算から $k = 1, \cdots, n$ に対し

$$E\Big[\sup_{0 \leq t \leq T} \Big|D^k \int_0^{\cdot \wedge t} A(s)ds\Big|^p_{\mathcal{L}_{(2)}^k(H; H \otimes K)}\Big] = E\Big[\sup_{0 \leq t \leq T} \Big\{\int_0^t |D^k A(s)|^2_{\mathcal{L}_{(2)}^k(H; K)} ds\Big\}^{p/2}\Big]$$

$$\leq E\Big[\Big\{\int_0^T |D^k A(s)|^2_{\mathcal{L}_{(2)}^k(H; K)} ds\Big\}^{p/2}\Big]$$

だから,条件を満たしていることがわかる.よって帰納法の仮定が使えて $k = 1, \cdots, n-1$ に対して

$$E\Big[\sup_{0 \leq t \leq T} |D^k D\Psi(t)|^p_{\mathcal{L}_{(2)}^k(H; H^* \otimes K)}\Big]^{1/p}$$

$$\lesssim \|DA\|_{\mathcal{L}^{n-1,p}(w; H^* \otimes K)} + \|DB\|_{\mathcal{L}^{n-1,p}(dt; H^* \otimes K)}$$

$$+ E\Big[\sup_{0 \leq t \leq T} \Big|D^k \int_0^{\cdot \wedge t} A(s)ds\Big|^p_{\mathcal{L}_{(2)}^k(H; H \otimes K)}\Big]^{1/p}$$

$$+ E\Big[\sup_{0 \leq t \leq T} |D^k D\Gamma(t)|^p_{\mathcal{L}_{(2)}^k(H; H^* \otimes K)}\Big]^{1/p}$$

$$\lesssim \|A\|_{\mathcal{L}^{n,p}(w; K)} + \|B\|_{\mathcal{L}^{n,p}(dt; K)} + E\Big[\sup_{0 \leq t \leq T} |D^{k+1}\Gamma(t)|^p_{\mathcal{L}_{(2)}^{k+1}(H; K)}\Big]^{1/p}.$$

以上で n の場合も成立することがわかった. ∎

(c) 確率微分方程式

次に,確率微分方程式の解が微分できることを示そう.まず確率微分方程式について復習しておく. d 次元の Wiener 過程 (w_t) を与えて $\mathbb{R}^N$ 上で確率微分方程式を考える. $a = (a_1, \cdots, a_d) \in C_b^\infty(\mathbb{R}^N \to \mathbb{R}^d \otimes \mathbb{R}^N)$, $b \in C_b^\infty(\mathbb{R}^N \to \mathbb{R}^N)$ を与える. C_b^∞ は微分まで込めてすべて有界な関数を表わすものとする.ここでは次の確率微分方程式を考える.

$$(6.18) \quad \begin{cases} dX(t) = a(X(t)) \cdot dw_t + b(X(t))dt \\ X(0) = x \in \mathbb{R}^N. \end{cases}$$

この方程式の意味は確率積分で表現して

$$(6.19) \quad X(t) = x + \int_0^t a(X(s)) \cdot dw_s + \int_0^t b(X(s))ds$$

が成立することである. a, b は Lipschitz 条件を満足するから,この確率微分方程式には一意的に解が存在する.その解を初期条件を明示して $(X(t, x))$ と表わすことにする.

$(X(t, x))$ を詳しく調べていこう.以下では初期条件 x は固定しておき,解を単に $X(t)$ と表わすことにする.まず,この解 $(X(t))$ が微分できることを示していく.解の存在については Picard の逐次近似法がよく知られているので,それを利用する.そこでまず $X_0(t) = x$ として,以下帰納的に

$$(6.20) \quad X_{n+1}(t) = x + \int_0^t a(X_n(s)) \cdot dw_s + \int_0^t b(X_n(s))ds$$

で定める.よく知られているように, $(X_n(t))$ は(6.18)の解 $(X(t))$ に収束するから, $(X_n(t))$ が微分可能で Sobolev ノルムの意味で収束することを示せばよい. $X_n(t)$ が微分できることは命題 6.1 からわかる. Sobolev ノルムをもう少し詳しく調べていく.

命題 6.2 任意の $k \in \mathbb{Z}_+$, $p \geq 2$ に対し定数 $M = M_{k,p} > 0$ が存在し,次が成立する.

$$\text{(6.21)} \quad \sup_n E\Big[\sup_{0\leqq s\leqq t}|D^k(X_n(s)-x)|^p\Big]^{1/p} \leqq e^{Mt}.$$

[証明] 繁雑さを避けるために $d=N=1$ とする．あるいはベクトル的に考えれば意味が付けられる．

k に関する帰納法で示す．$k=0$ のときは通常の確率微分方程式である．$Y(t)=X(t)-x$, $\tilde{a}(\cdot)=a(\cdot+x)$, $\tilde{b}(\cdot)=b(\cdot+x)$ とおき直して考えれば，$x=0$ のときを示せば十分である．

$$\sup_{0\leqq s\leqq t}|X_{n+1}(s)| \leqq \sup_{0\leqq s\leqq t}\Big|\int_0^s a(X_n(u))dw_u\Big| + \int_0^t |b(X_n(s))|ds$$

から Burkholder の不等式を用いて

$$\Big\|\sup_{0\leqq s\leqq t}|X_{n+1}(s)|\Big\|_p \leqq c_p E\Big[\Big\{\int_0^t |a(X_n(s))|^2 ds\Big\}^{p/2}\Big]^{1/p} + \int_0^t \|b(X_n(s))\|_p ds$$

$$\leqq c_p\sqrt{t}\,\|a\|_\infty + t\|b\|_\infty.$$

多項式は指数関数で押えられるから，$k=0$ の場合は成立することがわかった．

次に k までを仮定して，$k+1$ のときを示す．命題 6.1 から

$$DX_{n+1}(t) = \int_0^t a'(X_n(s))DX_n(s)dw_s + \int_0^t b'(X_n(s))DX_n(s)ds$$
$$+ \int_0^{\cdot\wedge t} a(X_n(s))ds.$$

これを繰り返していけば一般に

$$\text{(6.22)} \quad D^{k+1}X_{n+1}(t)$$
$$= \int_0^t \{a'(X_n(s))D^{k+1}X_n(s)$$
$$\quad + A_{k+1}(X_n(s))P_{k+1}(DX_n(s),\cdots,D^k X_n(s))\}dw_s$$
$$+ \int_0^t \{b'(X_n(s))D^{k+1}X_n(s)$$
$$\quad + B_{k+1}(X_n(s))Q_{k+1}(DX_n(s),\cdots,D^k X_n(s))\}ds$$

$$+ \int_0^{\cdot \wedge t} \Gamma_{k+1}(X_n(s)) R_{k+1}(DX_n(s), \cdots, D^{k-1}X_n(s)) ds$$

と表わされる.ここでは象徴的に表現したが,例えば $A_{k+1}P_{k+1}$ は

$$\sum_l A_{k+1}^{(l)} P_{k+1}^{(l)}$$

と有限個の和で表わされるものを意味している. $B_{k+1}Q_{k+1}$, $\Gamma_{k+1}R_{k+1}$ も同様である.また A_{k+1}, B_{k+1}, Γ_{k+1} は C_b^∞ の元であり, P_{k+1}, Q_{k+1} は $k+1$ 次の多項式, R_{k+1} は k 次の多項式である.特にこれらの関数はすべて n に無関係にとれることを注意しておく.

ここで n に関する帰納法で

(6.23) $\quad\left\| \sup_{0 \leq s \leq t} |D^{k+1}X_n(s)| \right\|_p \leq e^{Mt}, \quad t \geq 0$

を示す.すでに k に関する帰納法を使っているので二重の帰納法を使っていることになる.また上の定数 M をどう定めるかは証明中に与える.特に n には無関係にとれることが重要である. $n=0$ のときは $D^{k+1}X_0(t)=0$ だから証明すべきことはない.

n のときを仮定して, $n+1$ のときを示していこう.以下簡単のために変数を省略して書く.まず

$$\sup_{0 \leq s \leq t} |D^{k+1}X_{n+1}(s)| \leq \sup_{0 \leq s \leq t} \left| \int_0^s (a' D^{k+1}X_n + A_{k+1}P_{k+1}) dw_u \right|$$
$$+ \int_0^t |b' D^{k+1}X_n + B_{k+1}Q_{k+1}| ds$$
$$+ \sup_{0 \leq s \leq t} \left| \int_0^{\cdot \wedge s} \Gamma_{k+1}R_{k+1} du \right|.$$

したがって Burkholder の不等式を使って

$$\left\| \sup_{0 \leq s \leq t} |D^{k+1}X_{n+1}(s)| \right\|_p$$
$$\leq E\left[\sup_{0 \leq s \leq t} \left| \int_0^s (a' D^{k+1}X_n + A_{k+1}P_{k+1}) dw_u \right|^p \right]^{1/p}$$

$$\begin{aligned}
&+ \int_0^t \|b'D^{k+1}X_n + B_{k+1}Q_{k+1}\|_p ds \\
&+ E\Big[\sup_{0\le s\le t}\Big|\int_0^{\cdot\wedge s}\Gamma_{k+1}R_{k+1}du\Big|^p\Big]^{1/p} \\
&\le c_p E\Big[\Big\{\int_0^t|a'D^{k+1}X_n + A_{k+1}P_{k+1}|^2 ds\Big\}^{p/2}\Big]^{1/p} \\
&+ \int_0^t (\|b'\|_\infty \|D^{k+1}X_n\|_p + \|B_{k+1}\|_\infty \|Q_{k+1}\|_p) ds \\
&+ E\Big[\Big\{\int_0^t|\Gamma_{k+1}R_{k+1}|^2 ds\Big\}^{p/2}\Big]^{1/p} \\
&\le \sqrt{2}\,c_p \Big\|\int_0^t (|a'D^{k+1}X_n|^2 + |A_{k+1}P_{k+1}|^2) ds\Big\|_{p/2}^{1/2} \\
&+ \int_0^t (\|b'\|_\infty \|D^{k+1}X_n\|_p + \|B_{k+1}\|_\infty \|Q_{k+1}\|_p) ds \\
&+ \|\Gamma_{k+1}\|_\infty \Big\|\int_0^t |R_{k+1}|^2 ds\Big\|_{p/2}^{1/2} \\
&\le \sqrt{2}\,c_p \Big\{\int_0^t (\|a'\|_\infty^2 \||D^{k+1}X_n|^2\|_{p/2} + \|A_{k+1}\|_\infty^2 \||P_{k+1}|^2\|_{p/2}) ds\Big\}^{1/2} \\
&+ \int_0^t (\|b'\|_\infty \|D^{k+1}X_n\|_p + \|B_{k+1}\|_\infty \|Q_{k+1}\|_p) ds \\
&+ \|\Gamma_{k+1}\|_\infty \Big\{\int_0^t \||R_{k+1}|^2\|_{p/2} ds\Big\}^{1/2} \\
&\le \sqrt{2}\,c_p \Big\{\int_0^t (\|a'\|_\infty^2 \|D^{k+1}X_n\|_p^2 + \|A_{k+1}\|_\infty^2 \|P_{k+1}\|_p^2) ds\Big\}^{1/2} \\
&+ \int_0^t (\|b'\|_\infty \|D^{k+1}X_n\|_p + \|B_{k+1}\|_\infty \|Q_{k+1}\|_p) ds \\
&+ \|\Gamma_{k+1}\|_\infty \Big\{\int_0^t \|R_{k+1}\|_p^2 ds\Big\}^{1/2}.
\end{aligned}$$

ここで n に関する帰納法の仮定 (6.23) が使える．また P_{k+1} は $DX_n, \cdots, D^k X_n$ の $k+1$ 次の多項式であるから適当な定数 $K = K(k+1, p)$, $L = L(k+1, p)$ がとれて

$$\|P_{k+1}(DX_n(t), \cdots, D^k X_n(t))\|_p \le K e^{Lt}$$

とできる．同様に $\|Q_{k+1}\|_p \le K e^{Lt}$, $\|R_{k+1}\|_p \le K e^{Lt}$ とできる．あとで L を

大きくとる必要があるが，大きな方が弱い評価だから，そのことは問題ない．
以上で

$$\left\|\sup_{0\leq s\leq t}|D^{k+1}X_{n+1}(s)|\right\|_p$$
$$\leq \sqrt{2}c_p\Big\{\int_0^t(\|a'\|_\infty^2 e^{2Ms}+\|A_{k+1}\|_\infty^2 K^2 e^{2Ls})ds\Big\}^{1/2}$$
$$+\int_0^t(\|b'\|_\infty e^{Ms}+\|B_{k+1}\|_\infty Ke^{Ls})ds$$
$$+\|\Gamma_{k+1}\|_\infty\Big\{\int_0^t K^2 e^{2Ls}ds\Big\}^{1/2}$$
$$=\sqrt{2}c_p\Big\{\frac{\|a'\|_\infty^2}{2M}(e^{2Mt}-1)+\frac{\|A_{k+1}\|_\infty^2 K^2}{2L}(e^{2Lt}-1)\Big\}^{1/2}$$
$$+\frac{\|b'\|_\infty}{M}(e^{Mt}-1)+\frac{\|B_{k+1}\|_\infty K}{L}(e^{Lt}-1)$$
$$+\frac{\|\Gamma_{k+1}\|_\infty K}{\sqrt{2L}}(e^{2Lt}-1)^{1/2}$$
$$\leq \frac{c_p\|a'\|_\infty}{\sqrt{M}}e^{Mt}+\frac{c_p\|A_{k+1}\|_\infty K}{\sqrt{L}}e^{Lt}$$
$$+\frac{\|b'\|_\infty}{M}e^{Mt}+\frac{\|B_{k+1}\|_\infty K}{L}e^{Lt}+\frac{\|\Gamma_{k+1}\|_\infty K}{\sqrt{2L}}e^{Lt}.$$

ここで L, M を十分大きくとっておけば $L\leq M$ で

$$\frac{c_p\|a'\|_\infty}{\sqrt{M}}+\frac{c_p\|A_{k+1}\|_\infty K}{\sqrt{L}}+\frac{\|b'\|_\infty}{M}+\frac{\|B_{k+1}\|_\infty K}{L}+\frac{\|\Gamma_{k+1}\|_\infty K}{\sqrt{2L}}\leq 1$$

とできる．特にこれは n に無関係にとることができる．よって

$$\left\|\sup_{0\leq s\leq t}|D^{k+1}X_{n+1}(s)|\right\|_p\leq e^{Mt}$$

が従う．これで帰納法が完結した．

さて次に X_{n+1} と X_n の差を評価していく．

命題 6.3 $k\in\mathbb{Z}_+$, $p\geq 2$ に対し定数 $M>0$ が存在して次が成立する．

(6.24) $\quad E\Big[\sup_{0\leq s\leq t}|D^k X_n(s)-D^k X_{n-1}(s)|^p\Big]^{1/p}\leq \dfrac{1}{2^{n-1}}e^{Mt},\quad \forall t\geq 0.$

§6.1 確率微分方程式 —— 137

ここで定数 M は k, p および a, b の導関数の一様ノルムに関係するが，n には無関係にとれる．

［証明］ やはりここでも $d=N=1$ とする．

k に関する帰納法で示す．$k=0$ のときは通常の確率微分方程式だが，念のために証明しておこう．n に関する帰納法で示す．

$n=1$ のときは明らかだから，n のときを仮定して，$n+1$ のときを示す．まず

$$X_{n+1}(s) - X_n(s) = \int_0^s \{a(X_n(u)) - a(X_{n-1}(u))\} dw_u$$
$$+ \int_0^s \{b(X_n(u)) - b(X_{n-1}(u))\} du$$

より

$$\sup_{0 \leq s \leq t} |X_{n+1}(s) - X_n(s)| = \sup_{0 \leq s \leq t} \left| \int_0^s \{a(X_n(u)) - a(X_{n-1}(u))\} dw_u \right|$$
$$+ \int_0^t |b(X_n(s)) - b(X_{n-1}(s))| ds.$$

ここで Burkholder の不等式を用いて L^p ノルムを評価すれば

$$\left\| \sup_{0 \leq s \leq t} |X_{n+1}(s) - X_n(s)| \right\|_p$$
$$\leq E\left[\sup_{0 \leq s \leq t} \left| \int_0^s \{a(X_n(u)) - a(X_{n-1}(u))\} dw_u \right|^p \right]^{1/p}$$
$$+ \int_0^t \|b(X_n(s)) - b(X_{n-1}(s))\|_p ds$$
$$\leq c_p E\left[\left\{ \int_0^t |a(X_n(s)) - a(X_{n-1}(s))|^2 ds \right\}^{p/2} \right]^{1/p}$$
$$+ \int_0^t \|b'\|_\infty \|X_n(s) - X_{n-1}(s)\|_p ds$$
$$\leq c_p \left\| \int_0^t \|a'\|_\infty^2 |X_n(s) - X_{n-1}(s)|^2 ds \right\|_{p/2}^{1/2}$$
$$+ \|b'\|_\infty \int_0^t \|X_n(s) - X_{n-1}(s)\|_p ds$$

$$\leqq c_p \|a'\|_\infty \Big\{ \int_0^t \||X_n(s)-X_{n-1}(s)|^2\|_{p/2} ds \Big\}^{1/2}$$

$$+ \|b'\|_\infty \int_0^t \|X_n(s)-X_{n-1}(s)\|_p ds$$

$$= c_p \|a'\|_\infty \Big\{ \int_0^t \|X_n(s)-X_{n-1}(s)\|_p^2 ds \Big\}^{1/2}$$

$$+ \|b'\|_\infty \int_0^t \|X_n(s)-X_{n-1}(s)\|_p ds.$$

ここで帰納法の仮定から

$$\|X_n(s)-X_{n-1}(s)\|_p \leqq \frac{1}{2^{n-1}} e^{Ms}$$

であるから

$$\Big\| \sup_{0 \leqq s \leqq t} |X_{n+1}(s)-X_n(s)| \Big\|_p$$

$$\leqq c_p \|a'\|_\infty \Big\{ \int_0^t \frac{1}{2^{2n-2}} e^{2Ms} ds \Big\}^{1/2} + \|b'\|_\infty \int_0^t \frac{1}{2^{n-1}} e^{Ms} ds$$

$$= c_p \|a'\|_\infty \frac{1}{2^{n-1}\sqrt{2M}} (e^{2Mt}-1)^{1/2} + \|b'\|_\infty \frac{1}{2^{n-1}M} (e^{Mt}-1)$$

$$\leqq \frac{1}{2^n} e^{Mt} \Big(\frac{2c_p\|a'\|_\infty}{\sqrt{2M}} + \frac{2\|b'\|_\infty}{M} \Big).$$

ここで M を十分大きくとれば

$$\frac{2c_p\|a'\|_\infty}{\sqrt{2M}} + \frac{2\|b'\|_\infty}{M} \leqq 1$$

とできるから,$n+1$ のときが示せた.

次に k までを仮定して,$k+1$ のときを示す.(6.22)から

$$D^{k+1}X_{n+1}(t) - D^{k+1}X_n(t)$$

$$= \int_0^t \{a'(X_n(s))D^{k+1}X_n(s) - a'(X_{n-1}(s))D^{k+1}X_{n-1}(s)$$

$$+ A_{k+1}(X_n(s))P_{k+1}(DX_n(s),\cdots,D^k X_n(s))$$

$$- A_{k+1}(X_{n-1}(s))P_{k+1}(DX_{n-1}(s),\cdots,D^k X_{n-1}(s))\} dw_s$$

§6.1 確率微分方程式 —— 139

$$+ \int_0^t \{b'(X_n(s))D^{k+1}X_n(s) - b'(X_{n-1}(s))D^{k+1}X_{n-1}(s)$$
$$+ B_{k+1}(X_n(s))Q_{k+1}(DX_n(s), \cdots, D^k X_n(s))$$
$$- B_{k+1}(X_{n-1}(s))Q_{k+1}(DX_{n-1}(s), \cdots, D^k X_{n-1}(s))\}ds$$
$$+ \int_0^{\cdot \wedge t} \Gamma_{k+1}(X_n(s))R_{k+1}(DX_n(s), \cdots, D^{k-1}X_n(s))$$
$$- \Gamma_{k+1}(X_{n-1}(s))R_{k+1}(DX_{n-1}(s), \cdots, D^{k-1}X_{n-1}(s))ds$$

である．よって

$$\sup_{0 \le s \le t} |D^{k+1}X_{n+1}(s) - D^{k+1}X_n(s)|$$

$$\le \sup_{0 \le s \le t} \left| \int_0^s \{a'(X_n(u))D^{k+1}X_n(u) - a'(X_{n-1}(u))D^{k+1}X_{n-1}(u) \right.$$
$$+ A_{k+1}(X_n(u))P_{k+1}(DX_n(u), \cdots, D^k X_n(u))$$
$$\left. - A_{k+1}(X_{n-1}(u))P_{k+1}(DX_{n-1}(u), \cdots, D^k X_{n-1}(u))\}dw_u \right|$$
$$+ \int_0^t |b'(X_n(s))D^{k+1}X_n(s) - b'(X_{n-1}(s))D^{k+1}X_{n-1}(s)$$
$$+ B_{k+1}(X_n(s))Q_{k+1}(DX_n(s), \cdots, D^k X_n(s))$$
$$- B_{k+1}(X_{n-1}(s))Q_{k+1}(DX_{n-1}(s), \cdots, D^k X_{n-1}(s))|ds$$
$$+ \left\{ \int_0^t |\Gamma_{k+1}(X_n(s))R_{k+1}(DX_n(s), \cdots, D^{k-1}X_n(s)) \right.$$
$$\left. - \Gamma_{k+1}(X_{n-1}(s))R_{k+1}(DX_{n-1}(s), \cdots, D^{k-1}X_{n-1}(s))|^2 ds \right\}^{1/2}.$$

ここで Burkholder の不等式を使って L^p ノルムを評価すれば

$$\left\| \sup_{0 \le s \le t} |D^{k+1}X_{n+1}(s) - D^{k+1}X_n(s)| \right\|_p$$

$$\le c_p E\Big[\Big\{ \int_0^t |a'(X_n(s))D^{k+1}X_n(s) - a'(X_{n-1}(s))D^{k+1}X_{n-1}(s)$$
$$+ A_{k+1}(X_n(s))P_{k+1}(D^j X_n(s)) - A_{k+1}(X_{n-1}(s))P_{k+1}(D^j X_{n-1}(s))|^2 ds \Big\}^{p/2} \Big]^{1/p}$$
$$+ \int_0^t \|b'(X_n(s))D^{k+1}X_n(s) - b'(X_{n-1}(s))D^{k+1}X_{n-1}(s)\|_p$$
$$+ \|B_{k+1}(X_n(s))Q_{k+1}(D^j X_n(s)) - B_{k+1}(X_{n-1}(s))Q_{k+1}(D^j X_{n-1}(s))\|_p ds$$

$$+ E\Big[\Big\{\int_0^t |\Gamma_{k+1}(X_n(s))R_{k+1}(D^j X_n(s))$$
$$- \Gamma_{k+1}(X_{n-1}(s))R_{k+1}(D^j X_{n-1}(s))|^2 ds\Big\}^{p/2}\Big]^{1/p}$$
$$\leq c_p \Big\|\int_0^t 2|a'(X_n(s))\{D^{k+1}X_n(s) - D^{k+1}X_{n-1}(s)\}|^2$$
$$+ 2|(a'(X_n(s)) - a'(X_{n-1}(s)))D^{k+1}X_{n-1}(s)$$
$$+ A_{k+1}(X_n(s))P_{k+1}(D^j X_n(s)) - A_{k+1}(X_{n-1}(s))P_{k+1}(D^j X_{n-1}(s))|^2 ds\Big\|_{p/2}^{1/2}$$
$$+ \int_0^t \|b'(X_n(s))\{D^{k+1}X_n(s) - D^{k+1}X_{n-1}(s)\}\|_p$$
$$+ \|(b'(X_n(s)) - b'(X_{n-1}(s)))D^{k+1}X_{n-1}(s)\|_p$$
$$+ \|B_{k+1}(X_n(s))Q_{k+1}(D^j X_n(s)) - B_{k+1}(X_{n-1}(s))Q_{k+1}(D^j X_{n-1}(s))\|_p ds$$
$$+ \Big\|\int_0^t |\Gamma_{k+1}(X_n(s))R_{k+1}(D^j X_n(s)) - \Gamma_{k+1}(X_{n-1}(s))R_{k+1}(D^j X_{n-1}(s))|^2 ds\Big\|_{p/2}^{1/2}$$
$$\leq c_p\sqrt{2}\Big\{\int_0^t \|a'\|_\infty^2 \|D^{k+1}X_n(s) - D^{k+1}X_{n-1}(s)\|_p^2 ds\Big\}^{1/2}$$
$$+ c_p\sqrt{2}\Big\{\int_0^t \|(a'(X_n(s)) - a'(X_{n-1}(s)))D^{k+1}X_{n-1}(s)$$
$$+ A_{k+1}(X_n(s))P_{k+1}(D^j X_n(s)) - A_{k+1}(X_{n-1}(s))P_{k+1}(D^j X_{n-1}(s))\|_p^2 ds\Big\}^{1/2}$$
$$+ \int_0^t \|b'\|_\infty \|D^{k+1}X_n(s) - D^{k+1}X_{n-1}(s)\|_p ds$$
$$+ \int_0^t \|(b'(X_n(s)) - b'(X_{n-1}(s)))D^{k+1}X_{n-1}(s)\|_p$$
$$+ \|B_{k+1}(X_n(s))Q_{k+1}(D^j X_n(s)) - B_{k+1}(X_{n-1}(s))Q_{k+1}(D^j X_{n-1}(s))\|_p ds$$
$$+ \Big\|\int_0^t |\Gamma_{k+1}(X_n(s))R_{k+1}(D^j X_n(s)) - \Gamma_{k+1}(X_{n-1}(s))R_{k+1}(D^j X_{n-1}(s))|^2 ds\Big\|_{p/2}^{1/2}.$$

ここで繁雑さを避けて簡略に書いているが，j は $1,\cdots,k$ の指数をわたる．したがって，$D^j X_n(s)$ と書けば変数 $D^1 X_n(s),\cdots,D^k X_n(s)$ を表わしているものとする．特に $k+1$ を含んでいないことを注意しておく．

以上の準備の下で(6.24)を n に関する帰納法で示す．$n=0$ のときは明らかだから，n のときを仮定して，$n+1$ のときを示す．まず帰納法の仮定を使って

$$\sqrt{2}\,c_p\Big\{\int_0^t \|a'\|_\infty^2 \|D^{k+1}X_n(s)-D^{k+1}X_{n-1}(s)\|_p^2 ds\Big\}^{1/2}$$
$$+\int_0^t \|b'\|_\infty \|D^{k+1}X_n(s)-D^{k+1}X_{n-1}(s)\|_p ds$$
$$\leqq \sqrt{2}\,c_p\|a'\|_\infty \frac{1}{2^{n-1}\sqrt{2M}}(e^{2Mt}-1)^{1/2}+\|b'\|_\infty \frac{1}{2^{n-1}M}(e^{Mt}-1)$$
$$\leqq \frac{1}{2^n}e^{Mt}\Big(\frac{2c_p\|a'\|_\infty}{\sqrt{M}}+\frac{2\|b'\|_\infty}{M}\Big).$$

また第2項に関しては

$$\Big\{\int_0^t \|(D^l X_n(s)-D^l X_{n-1}(s))\Delta(X_n(s),X_{n-1}(s))S(D^j X_n(s),D^j X_{n-1}(s))\|_p^2 ds\Big\}^{1/2}$$

の形の項の有限和で押さえられる．ここに $\Delta \in C_b^\infty$, S は多項式，$l=0,1,\cdots,k$, $j=1,\cdots,k+1$ である．$q>p$ に対し Hölder の不等式を使って

$$\|(D^l X_n(s)-D^l X_{n-1}(s))\Delta(X_n(s),X_{n-1}(s))S(D^j X_n(s),D^j X_{n-1}(s))\|_p$$
$$\leqq \|D^l X_n(s)-D^l X_{n-1}(s)\|_q \|\Delta\|_\infty \|S(D^j X_n(s),D^j X_{n-1}(s))\|_{pq/(q-p)}$$

であり，$l\leqq k$ だから，k に関する帰納法から定数 $M_1>0$ が存在して

$$\|D^l X_n(s)-D^l X_{n-1}(s)\|_q \leqq \frac{1}{2^{n-1}}e^{M_1 s}.$$

一方 S は多項式であるから命題 6.2 から定数 $C_2, M_2>0$ が存在して
$$\|\Delta\|_\infty \|S(D^j X_n(s),D^j X_{n-1}(s))\|_{pq/(q-p)} \leqq C_2 e^{M_2 s}$$
が成立している．よって

$$\text{第2項} \leqq \Big\{\int_0^t \frac{1}{2^{2n-2}}e^{2M_1 s}C_2^2 e^{2M_2 s}ds\Big\}^{1/2}$$
$$= \frac{C_2}{2^{n-1}\sqrt{2(M_1+M_2)}}\Big(e^{2(M_1+M_2)t}-1\Big)^{1/2}$$
$$\leqq \frac{1}{2^n}e^{(M_1+M_2)t}\frac{2C_2}{\sqrt{2(M_1+M_2)}}$$

とできる．特に，M_1, M_2 をより大きなものに取り替えて成立することに注意しておく．第5項の評価もこれと同様にできる．

第4項は
$$\int_0^t \|(D^l X_n(s) - D^l X_{n-1}(s))\tilde{\Delta}(X_n(s), X_{n-1}(s))\tilde{S}(D^j X_n(s), D^j X_{n-1}(s))\| ds$$
の形の評価を持つ．第2項の場合と同様に $\tilde{\Delta} \in C_b^\infty$, $\tilde{S}$ は多項式，$l = 0, 1, \cdots, k$, $j = 1, \cdots, k+1$ である．$q > p$ に対し

$$\|(DX_n^l(s) - DX_{n-1}^l(s))\tilde{\Delta}(X_n(s), X_{n-1}(s))\tilde{S}(D^j X_n(s), D^j X_{n-1}(s))\|_p$$
$$\leq \|DX_n^l(s) - DX_{n-1}^l(s)\|_q \|\tilde{\Delta}\|_\infty \|\tilde{S}(D^j X_n(s), D^j X_{n-1}(s))\|_{pq/(q-p)}$$
$$\leq \frac{1}{2^{n-1}} e^{M_3 s} C_4 e^{M_4 s}$$

とできる．したがって，

$$\text{第4項} \leq \int_0^t \frac{1}{2^{n-1}} e^{M_3 s} C_4 e^{M_4 s} ds \leq \frac{1}{2^n} e^{(M_3+M_4)t} \frac{2C_4}{M_3 + M_4}$$

が成立する．

以上で
$$\left\| \sup_{0 \leq s \leq t} |D^{k+1} X_{n+1}(s) - D^{k+1} X_n(s)| \right\|_p$$
$$\leq \frac{1}{2^n} e^{Mt} \left(\frac{2c_p \|a'\|_\infty}{\sqrt{M}} + \frac{2\|b'\|_\infty}{M} \right) + \frac{1}{2^n} e^{L_1 t} \frac{K_1}{L_1} + \frac{1}{2^n} e^{L_2 t} \frac{K_2}{\sqrt{2L_2}}.$$

L_1, L_2 を大きくとり，さらに $M \geq \max\{L_1, L_2\}$ とすれば右辺が $\frac{1}{2^n} e^{Mt}$ で押えられることを見るのは難しくない．

以上で $n+1$ のときも成立することがわかり，証明が終わる．∎

これまでのことで，(6.18)の解 $(X(t))$ が微分できることがわかる．定理の形でまとめておく．

定理 6.4 確率微分方程式 (6.18) の解 $(X(t))$ はすべての $k \in N$, $p > 1$ に対し $X(t) \in W^{k,p}(\mathbb{R}^N)$ で，ある定数 $M > 0$ が存在し

(6.25) $\quad E\left[\sup_{0 \leq s \leq t} |D^l(X(s) - x)|^p \right]^{1/p} \leq e^{Mt}, \quad l = 0, 1, \cdots, k, \ t \geq 0$

を満たす．

［証明］ 命題 6.3 から

§6.1 確率微分方程式──143

$$(6.26) \quad \sum_{n=1}^{\infty} \sum_{l=0}^{k} E\Big[\sup_{0\leq s\leq t} |D^l X_{n+1}(s) - D^l X_n(s)|^p\Big]^{1/p} < \infty$$

が従う．よって $\{X_n(t)\}_n$ は $W^{k,p}(\mathbb{R}^N)$ での Cauchy 列である．$X_n(t)$ は $X(t)$ に L^p で収束するから $X(t) \in W^{k,p}(\mathbb{R}^N)$ が従う．(6.25)の評価は命題 6.2 から容易に従う． ∎

上の証明では a, b の偏導関数だけでなく，それ自身も有界であるとした．しかし実際は a, b 自身の有界性は必要ない．あとで必要でもあるので，確率微分方程式の解の可積分性を a, b の偏導関数の有界性だけから示せることを見ておこう．したがって a, b については 1 次の増大度まで許される．

例題 6.5 a, b の偏導関数が有界なとき初期値 x に無関係な定数 $M > 0$ が存在し，(6.18)の解 $(X(t))$ は次の評価を満たすことを示せ．

$$(6.27) \quad E\Big[\sup_{0\leq s\leq t} |X(s)|^p\Big]^{1/p} \leq |x| + (1+|x|)e^{Mt}, \quad \forall t \geq 0.$$

[解] $\{X_n(t)\}$ を上と同様に定める．また簡単のために $N = d = 1$ の場合だけ考える．また偏導関数の有界性から，定数 K が存在して

$$|a(x+y)| \leq K(1+|x|+|y|), \quad |b(x+y)| \leq K(1+|x|+|y|)$$

が成立している．そこで帰納的に

$$E\Big[\sup_{0\leq s\leq t} |X_n(s) - x|^p\Big]^{1/p} \leq (1+|x|)e^{Mt}, \quad \forall t \geq 0$$

が成立することを示そう．$C(x) = 1 + |x|$ とおいておく．$n = 0$ のときは $X_0(t) = x$ だから明らか．n のときを仮定して $n+1$ のときを示す．

$$\sup_{0\leq s\leq t} |X_{n+1}(s) - x| \leq \sup_{0\leq s\leq t} \Big|\int_0^s a(X_n(u))dw_u\Big| + \int_0^t |b(X_n(s))|ds$$

より

$$\Big\|\sup_{0\leq s\leq t} |X_{n+1}(s) - x|\Big\|_p$$
$$\leq E\Big[\sup_{0\leq s\leq t}\Big|\int_0^s a(X_n(u))dw_u\Big|^p\Big]^{1/p} + \int_0^t \|b(X_n(s))\|_p ds$$

$$\leq c_p E\Big[\Big\{\int_0^t |a(X_n(s))|^2 ds\Big\}^{p/2}\Big]^{1/p} + \int_0^t \|b(X_n(s))\|_p ds$$

$$\leq c_p \Big\|\int_0^t |a(x+X_n(s)-x)|^2 ds\Big\|_{p/2}^{1/2} + \int_0^t \|b(x+X_n(s)-x)\|_p ds$$

$$\leq c_p \Big\|\int_0^t K^2(1+|x|+|X_n(s)-x|)^2 ds\Big\|_{p/2}^{1/2} + \int_0^t K\|1+|x|+|X_n(s)-x|\|_p ds$$

$$\leq c_p K\Big\{\int_0^t \|2C(x)^2 + 2|X_n(s)-x|^2\|_{p/2} ds\Big\}^{1/2}$$

$$\quad + K\int_0^t (C(x)+\|X_n(s)-x\|_p)ds$$

$$\leq \sqrt{2}\,c_p K\Big\{C(x)^2 t + \int_0^t \|X_n(s)-x\|_p^2 ds\Big\}^{1/2}$$

$$\quad + K\Big\{C(x)t + \int_0^t \|X_n(s)-x\|_p ds\Big\}.$$

ここで帰納法の仮定を使えば

$$\Big\|\sup_{0\leq s\leq t}|X_{n+1}(s)-x|\Big\|_p$$

$$\leq \sqrt{2}\,c_p K\Big\{C(x)^2 t + \int_0^t C(x)^2 e^{2Ms} ds\Big\}^{1/2} + K\Big\{C(x)t + \int_0^t C(x)e^{Ms} ds\Big\}$$

$$\leq \sqrt{2}\,c_p K\Big\{C(x)^2 t + \frac{C(x)^2}{2M}(e^{2Mt}-1)\Big\}^{1/2} + K\Big\{C(x)t + \frac{C(x)}{M}(e^{Mt}-1)\Big\}.$$

また $t \leq \dfrac{1}{2M}(e^{2Mt}-1)$, $t \leq \dfrac{1}{M}(e^{Mt}-1)$ だから

$$\Big\|\sup_{0\leq s\leq t}|X_{n+1}(s)-x|\Big\|_p \leq 2c_p K\frac{C(x)}{\sqrt{2M}}\sqrt{e^{2Mt}-1} + 2K\frac{C(x)}{M}(e^{Mt}-1)$$

$$\leq \Big(\frac{\sqrt{2}\,c_p K}{\sqrt{M}} + \frac{2K}{M}\Big)C(x)e^{Mt}.$$

あとは M を $\dfrac{\sqrt{2}\,c_p K}{\sqrt{M}} + \dfrac{2K}{M} \leq 1$ となるようにとればよい.これで帰納法が完結した.

$\{X_n(t)\}_n$ が収束することは同様だから,$n\to\infty$ として,(6.18)の解に対して(6.27)が成立する.

(d) Stratonovich 対称確率積分

$(Z_t) = (Z_t^1, \cdots, Z_t^N)$ を半マルチンゲールとする．このとき $f \in C^2(\mathbb{R}^N)$ に対し，次の伊藤の公式が成立した．

(6.28)
$$f(Z_t) = f(Z_0) + \sum_{j=1}^N \int_0^t \partial_j f(Z_s) dZ_s^j + \sum_{j,k=1}^N \int_0^t \frac{1}{2} \partial_j \partial_k f(Z_s) d\langle Z^j, Z^k \rangle_s.$$

普通の微分と違って 2 階の導関数が現れる．

伊藤の公式にはどうしても 2 階の項が出てくることを避けることはできないが，次に述べる Stratonovich 対称確率積分を用いると，2 階の項を自然に取り込む形で，表面上 1 階の項だけで伊藤の公式を書くことができる．N, M を半マルチンゲールとするとき

(6.29)
$$\int_0^t M_s \circ dN_s = \int_0^t M_s dN_s + \frac{1}{2} \langle M, N \rangle_t$$

と定義し，**Stratonovich 対称確率積分**と呼ぶ．実際この定義に従って計算すれば伊藤の公式(6.28)は

(6.30)
$$f(Z_t) = f(Z_0) + \sum_{j=1}^N \int_0^t \partial_j f(Z_s) \circ dZ_s^j$$

と書き直すことができる．この表示は多様体の上で確率微分方程式を定式化するときなどに特に重要になる．実際，局所座標の変換と適合しているために，座標系によらない表示が得られるのである．ここで扱う確率微分方程式は Euclid 空間の中で考えるが，座標によらない表示はこの場合でも重要になる．

さて，確率微分方程式(6.18)の代わりに，Stratonovich 対称確率積分を用いて次の形のものを考える．

(6.31)
$$\begin{cases} dX(t) = a(X(t)) \circ dw(t) + b(X(t))dt, \\ X(0) = x \in \mathbb{R}^N. \end{cases}$$

これを通常の伊藤型の確率微分方程式で表現するために，成分表示で書き直

す.

(6.32) $$\begin{cases} dX^i(t) = \sum_{\alpha=1}^{d} a^i_\alpha(X(t)) \circ dw^\alpha_t + b^i(X(t))dt \\ X^i(0) = x^i. \end{cases}$$

さらに Stratonovich 対称確率積分の定義に戻って書き直せば

$$\sum_{\alpha=1}^{d} a^i_\alpha(X(t)) \circ dw^\alpha_t$$

$$= \sum_{\alpha=1}^{d} a^i_\alpha(X(t))dw^\alpha_t + \frac{1}{2} \sum_{\alpha=1}^{d} da^i_\alpha(X(t))dw^\alpha_t$$

$$= \sum_{\alpha=1}^{d} a^i_\alpha(X(t))dw^\alpha_t + \frac{1}{2} \sum_{\alpha=1}^{d} \sum_{j=1}^{N} \partial_j a^i_\alpha(X(t))dX^j(t)dw^\alpha_t$$

$$= \sum_{\alpha=1}^{d} a^i_\alpha(X(t))dw^\alpha_t + \frac{1}{2} \sum_{\alpha=1}^{d} \sum_{j=1}^{N} \partial_j a^i_\alpha(X(t))a^j_\alpha(X(t))dt.$$

よって

$$\tilde{b}^i = b^i + \frac{1}{2} \sum_{\alpha=1}^{d} \sum_{j=1}^{N} \partial_j a^i_\alpha a^j_\alpha$$

とおけば，(6.32)は伊藤型で

(6.33) $$\begin{cases} dX^i(t) = \sum_{\alpha=1}^{d} a^i_\alpha(X(t))dw^\alpha_t + \tilde{b}^i(X(t))dt, \\ X^i(0) = x^i \end{cases}$$

と書き直すことができる．したがって微分可能性に関しては問題ないことになる．さらに幾何学的な意味を考えるなら次のような表示が得られる．ベクトル場を次で定める．

(6.34) $$V_\alpha = \sum_{i=1}^{N} a^i_\alpha \frac{\partial}{\partial x^i},$$

(6.35) $$V_0 = \sum_{i=1}^{N} b^i \frac{\partial}{\partial x^i}.$$

これを用いれば，伊藤の公式は

$$d(f(X(t))) = \sum_{j=1}^{N} \partial_j f(X(t)) \circ dX^j(t)$$

$$= \sum_{j=1}^{N}\sum_{\alpha=1}^{d}\partial_j f(X(t))a_\alpha^j(X(t))\circ dw_t^\alpha + \sum_{j=1}^{N}\partial_j f(X(t))b^j(X(t))dt$$

$$= \sum_{\alpha=1}^{d}V_\alpha f(X(t))\circ dw_t^\alpha + V_0 f(X(t))dt.$$

さらに伊藤型に書き直せば

$$d(f(X(t))) = \sum_{\alpha=1}^{d}V_\alpha f(X(t))dw_t^\alpha + \frac{1}{2}\sum_{\alpha=1}^{d}d(V_\alpha f(X(t)))dw_t^\alpha + V_0 f(X(t))dt$$

$$= \sum_{\alpha=1}^{d}V_\alpha f(X(t))dw_t^\alpha + \Big\{\frac{1}{2}\sum_{\alpha=1}^{d}V_\alpha^2 + V_0\Big\}f(X(t))dt.$$

したがって，この場合の生成作用素は

(6.36) $$A = \frac{1}{2}\sum_{\alpha=1}^{d}V_\alpha^2 + V_0$$

で与えられる．また確率微分方程式自体も

(6.37) $$\begin{cases} dX(t) = \sum_{\alpha=1}^{d}V_\alpha(X(t))\circ dw_t^\alpha + V_0(X(t))dt, \\ X(0) = x \end{cases}$$

と表わすことにする．

$X(t,x)$ の分布を $p(t,x,dy)$ と表わすことにしよう：

(6.38) $$p(t,x,dy) = P^W \circ X(t,x)^{-1}.$$

さらに $f \in C_\infty(\mathbb{R}^N)$ ($\mathbb{R}^N$ 上の有界連続関数で無限大で0となる関数)に対し

(6.39) $$T_t f(x) = \int_{\mathbb{R}^N} f(y) p(t,x,dy)$$

と定めるときに，$\{T_t\}$ は生成作用素が A の半群を定める．ここではこれらの正確な定式化も証明も行なわない．偏微分方程式との関連を述べておく．$f \in C_0^\infty(\mathbb{R}^N)$ に対して $u(t,x) = T_t f(x)$ とおくとき，u は

(6.40) $$\begin{cases} \dfrac{\partial u}{\partial t} = Au, \quad t > 0 \\ u(0,\cdot) = f \end{cases}$$

を満たすただ一つの解である．あとで適当な条件の下で $p(t,x,dy)$ が滑らか

な密度を持つことを示していく. すなわち, $p(t,x,dy) = p(t,x,y)dy$ と表わされるわけである. $p(t,x,y)$ を方程式(6.40)の**基本解**と呼ぶ(**熱核**と呼ばれることもある). $p(t,x,y)$ の滑らかさを調べることは, 微分方程式としては基本解の性質を調べることになる. 従来は微分方程式の理論によらなければ基本解の性質を調べることができなかったのであるが, Malliavin 解析により, 確率論的な方法が開かれた.

確率微分方程式の解を通じて $X(t,x)$ の分布を調べることはそうした理論的背景があるのである.

さて前節の結果を使うために, この解の Malliavin の共分散行列を計算していくことにする. そのために解を $X(t,x,w)$ とパラメータをすべて書いておく. t に関する微分が確率微分であり, w に関する微分が Malliavin の意味での微分であった. x に関しては微分可能であろうか. 答えは肯定的である. w に関して微分を計算したように, ある程度類似の方法で証明できるが, 微分できること自体は必要ないので証明は省略する. 形式的に計算すれば, $J(t) = \partial X(t)$ は次の確率微分方程式を満たす.

$$(6.41) \quad \begin{cases} dJ(t) = \sum_{\alpha=1}^{d} \partial V_\alpha(X(t))J(t) \circ dw_t^\alpha + \partial V_0(X(t))J(t)dt, \\ J(0) = I. \end{cases}$$

I は単位行列を表わす. $J_j^i(t) = \partial_j X^i(t)$ として成分で表示すれば

$$(6.42)$$

$$\begin{cases} dJ_j^i(t) = \sum_{\alpha=1}^{d} \sum_{k=1}^{N} \partial_k a_\alpha^i(X(t))J_j^k(t) \circ dw_t^\alpha + \sum_{k=1}^{N} \partial_k b^i(X(t))J_j^k(t)dt, \\ J_j^i(0) = \delta_j^i \end{cases}$$

となるが, 繁雑になるので誤解がない限り成分表示はしないことにする. ただし, 行列であるから, 積に関しては可換でないので順番は注意する必要がある. $J(t)$ の意味は $x \mapsto X(t,x,w)$ の微分であるが, ここで使うのは確率微分方程式(6.41)の解ということだけである. 解の存在と一意性から, $J(t)$ は(6.41)で定まっているとしてよい. $J(t)$ は正則行列で, 逆行列 $J^{-1}(t)$ は次を満たす.

(6.43)
$$\begin{cases} dJ^{-1}(t) = -\sum_{\alpha=1}^{d} J^{-1}(t)\partial V_\alpha(X(t))\circ dw_t^\alpha - J^{-1}(t)\partial V_0(X(t))dt, \\ J^{-1}(0) = I. \end{cases}$$

ところで $DX(t)$ に関しては次の確率微分方程式が成り立つ.

$$DX(t) = \sum_{\alpha=1}^{d}\int_0^t \partial V_\alpha(X(s))DX(s)\circ dw_s^\alpha + \int_0^t \partial V_0(X(s))DX(s)ds \\ + \sum_{\alpha=1}^{d}\int_0^{t\wedge\cdot} V_\alpha(X(s))\otimes e^\alpha ds.$$

e_α は $\mathbb{R}^d$ の標準基底である. 特に $h \in H$ に $DX(t)$ を作用させたもの $DX(t)[h]$ は次を満たす.

(6.44)
$$DX(t)[h] = \sum_{\alpha=1}^{d}\int_0^t \partial V_\alpha(X(s))DX(s)[h]\circ dw_s^\alpha \\ + \int_0^t \partial V_0(X(s))DX(s)[h]ds + \sum_{\alpha=1}^{d}\int_0^t V_\alpha(X(s))\dot{h}^\alpha(s)ds.$$

以上の準備の下で次を得る.

命題 6.6 確率微分方程式(6.37)の解 $X(t)$ に対し Malliavin の共分散行列 $\sigma = (\sigma^{ij}(t)) = (DX^i(t), DX^j(t))_{H^*}$ は $\sigma(t) = J(t)\tilde{\sigma}(t)\,{}^tJ(t)$ で表わされる. ここに $J(t)$ は(6.41)の解, ${}^tJ(t)$ は $J(t)$ の転置行列, $\tilde{\sigma}(t) = (\tilde{\sigma}^{ij}(t))$ は次で与えられる.

(6.45) $\quad \tilde{\sigma}(t) = \sum_{\alpha=1}^{d}\int_0^t J^{-1}(s)V_\alpha(X(s))\otimes J^{-1}(s)V_\alpha(X(s))ds.$

［証明］ $DX(t)[h]$ は(6.44)を満たすが, $J(t)$ の方程式(6.41)と比較すれば非斉次項が付いただけの形だから, Lagrange の方法で解が次のように表現できる.

$$J^{-1}(t)DX(t)[h] = \sum_{\alpha=1}^{d}\int_0^t J^{-1}(s)V_\alpha(X(s))\dot{h}^\alpha(s)ds.$$

実際この形から $DX(t)[h]$ が(6.44)を満たすことは容易にわかるから, 解の

一意性に注意すればよい．これから

$$J^{-1}(t)DX(t) = \sum_{\alpha=1}^{d}\int_0^{t\wedge\cdot} J^{-1}(s)V_\alpha(X(s))\otimes e^\alpha ds.$$

よって内積をとって

$$(J^{-1}(t)DX(t)\otimes J^{-1}(t)DX(t))_{H^*}$$
$$= \int_0^t \sum_{\alpha=1}^{d} J^{-1}(s)V_\alpha(X(s))\otimes J^{-1}(s)V_\alpha(X(s))ds.$$

左辺はやや不明瞭な記法であるが H^* の内積ばかりでなく $\mathbb{R}^N$ のテンソル積 $\otimes$ もとったものを意味している．したがって，$\sigma(t)=J(t)\tilde{\sigma}(t){}^tJ(t)$ が証明された． ∎

(e) 基本解の滑らかさ(非退化な場合)

定理 6.7 初期条件 x を固定して，確率微分方程式(6.37)を考える．$V_0, V_1, \cdots, V_d \in C_b^{n+2}(\mathbb{R}^N;\mathbb{R}^N)$ であり，さらに $\mathrm{span}\{V_1(x),\cdots,V_d(x)\}=T_x(\mathbb{R}^N)$ であるとする．ここに span は生成される線形部分空間を表わす．このとき，$X(t,x,w)$ の分布 $P(t,x,dy)$ は絶対連続でその密度関数 $p(t,x,y)$ は正定数 c, ν, λ が存在して

$$(6.46) \qquad \max_{0\leq k\leq n}\sup_{y\in\mathbb{R}^N}|\nabla_y^k p(t,x,y)| \leq ce^{\nu t}/t^\lambda, \quad t>0$$

を満たす．さらにある定数 $\delta>0$ が存在して一様楕円性

$$(6.47) \qquad \sum_{\alpha=1}^{d} V_\alpha(x)\otimes V_\alpha(x) \geq \delta I, \quad \forall x\in\mathbb{R}^N$$

が成り立つならば，上の評価(6.46)は x について一様成立する． ∎

定理の証明に先立って，マルチンゲールに対する次の不等式を準備しておく．これは§6.2でもしばしば用いられる基本的なものである．

命題 6.8 $(M_t)_{t\geq 0}$ を局所マルチンゲールで $M_0=0$ を満たすものとする．$\langle M\rangle_t$ を2次変分とするとき，任意の停止時刻 τ に対し

$$(6.48) \qquad P\left[\langle M\rangle_\tau \leq \varepsilon,\ \sup_{t\leq \tau}|M_t| \geq \delta\right] \leq 2\exp\left\{-\frac{\delta^2}{2\varepsilon}\right\}$$

が成立する．また d 次元の局所マルチンゲール $(M_t)=(M_t^1,\cdots,M_t^d)$ に対して

(6.49) $$P\Big[\langle M\rangle_\tau \leqq \varepsilon,\ \sup_{t\leqq\tau}|M_t|\geqq \delta\Big]\leqq 2d\exp\Big\{-\frac{\delta^2}{2d\varepsilon}\Big\}$$

が成立する．

[証明] マルチンゲール (M_t) は適当な Brown 運動 $(B(t))$ によって
$$M_t = B(\langle M\rangle_t)$$
と表現される．よって

$$\begin{aligned}P\Big[\langle M\rangle_\tau\leqq\varepsilon,\ \sup_{0\leqq t\leqq\tau}|M_t|\geqq\delta\Big] &= P\Big[\langle M\rangle_\tau\leqq\varepsilon,\ \sup_{0\leqq t\leqq\tau}|B(\langle M\rangle_t)|\geqq\delta\Big]\\ &\leqq P\Big[\sup_{0\leqq t\leqq\varepsilon}|B(t)|\geqq\delta\Big]\\ &\leqq 4P[B(\varepsilon)\geqq\delta]\\ &= 2\int_{\delta/\sqrt{\varepsilon}}^{\infty}\frac{1}{\sqrt{2\pi}}e^{-x^2/2}dx\\ &\leqq 2e^{-\delta^2/2\varepsilon}.\end{aligned}$$

ただし，評価式
$$\int_x^\infty \frac{1}{\sqrt{2\pi}}e^{-t^2/2}dt\leqq e^{-x^2/2},\quad x\geqq 0$$
を使った．

d 次元の場合は

$$\begin{aligned}P\Big[\langle M\rangle_\tau\leqq\varepsilon,\ \sup_{0\leqq t\leqq\tau}|M_t|\geqq\delta\Big] &\leqq \sum_{i=1}^d P\Big[\langle M^i\rangle_\tau\leqq\varepsilon,\ \sup_{0\leqq t\leqq\tau}|M_t^i|\geqq\delta/\sqrt{d}\Big]\\ &\leqq 2de^{-\delta^2/2d\varepsilon}\end{aligned}$$

が成り立つことが容易にわかる．これが求める結果である． ∎

例題 6.9 次の評価式

(6.50) $$\int_x^\infty \frac{1}{\sqrt{2\pi}}e^{-t^2/2}dt\leqq e^{-x^2/2}$$

を示せ．

[解] 部分積分により

$$\int_x^\infty e^{-t^2/2} dt = -\int_x^\infty \frac{1}{t}\left(e^{-t^2/2}\right)' dt$$
$$= \frac{1}{x} e^{-x^2/2} - \int_x^\infty e^{-t^2/2} t^{-2} dt$$
$$\leq \frac{1}{x} e^{-x^2/2}.$$

よって
$$\int_x^\infty \frac{1}{\sqrt{2\pi}} e^{-t^2/2} dt \leq \min\left\{\frac{1}{\sqrt{2\pi}} \frac{1}{x} e^{-x^2/2}, \frac{1}{2}\right\}$$
$$\leq e^{-x^2/2}.$$

これが求める結果である. ∎

さて上の命題を使って定理 6.7 の証明に必要となる停止時刻に対する分布の評価式を導いておく. そこで停止時刻 ζ を
$$\zeta = \inf\{t \geq 0; |X(t) - x| \geq r \text{ または } |J(t) - I| \geq \delta\}$$
で定める. r および δ は定理の証明の中で適当に定める. このとき, 次が成立する.

命題 6.10 r, δ および V_α から定まる定数 $C, M > 0$ が存在し
$$(6.51) \qquad P^W[\zeta \leq t] \leq C e^{-M/t}, \quad t > 0$$
が成立する.

［証明］ まず
$$\zeta_1 = \inf\{t \geq 0; |X(t) - x| \geq r\},$$
$$\zeta_2 = \inf\{t \geq 0; |J(t) - I| \geq \delta\}$$
として, ζ_1, ζ_2 それぞれに対して示せばよい. 同様に示すから ζ_2 だけについて示し, ζ_2 を ζ と表わす.

確率微分方程式 (6.41) を伊藤型に書き直して
$$dJ(t) = \sum_{\alpha=1}^d \partial V_\alpha(X(t)) J(t) \circ dw_t^\alpha + \partial V_0(X(t)) J(t) dt$$
$$= \sum_{\alpha=1}^d \partial V_\alpha(X(t)) J(t) dw_t^\alpha$$

$$+ \frac{1}{2} \sum_{\alpha=1}^{d} \{\partial^2 V_\alpha(X(t)) V_\alpha(X(t)) J(t)$$
$$+ \partial V_\alpha(X(t)) \partial V_\alpha(X(t)) J(t)\} dt$$
$$+ \partial V_0(X(t)) J(t) dt \,.$$

ここでマルチンゲール (M_t) を

$$M_t = \sum_{\alpha=1}^{d} \int_0^{t \wedge \zeta} \partial V_\alpha(X(s)) J(s) dw_s^\alpha$$

で定めれば定数 C_1 がとれて

$$\langle M \rangle_t = \sum_{\alpha=1}^{d} \int_0^{t \wedge \zeta} |\partial V_\alpha(X(s)) J(s)|^2 ds$$
$$\leqq \sum_{\alpha=1}^{d} \|\partial V_\alpha\|_\infty^2 (1+\delta)^2 t$$
$$\leqq C_1 t \,.$$

また適当に定数 C_2 をとれば

$$\sup_{s \leqq t} |J(s \wedge \zeta) - J(0)| \leqq \sup_{s \leqq t} |M_s| + C_2 t$$

が成り立つ. よって $t \leqq \delta/2C_2$ のとき

$$P^W[\zeta \leqq t] \leqq P^W \Big[\sup_{s \leqq t} |J(s \wedge \zeta) - J(0)| \geqq \delta\Big]$$
$$\leqq P^W \Big[\sup_{s \leqq t} |M_s| \geqq \frac{\delta}{2}\Big]$$
$$= P^W \Big[\sup_{s \leqq t} |M_s| \geqq \frac{\delta}{2}, \langle M \rangle_t \leqq C_1 t\Big]$$
$$\leqq 2N^2 \exp\Big\{\frac{\delta^2}{8N^2 \overline{C_1 t}}\Big\} \,.$$

これで主張が示せた. ∎

[定理 6.7 の証明] $X(t)$ が微分可能であることはすでに見てきた. また $\nabla_y^k p(t, x, y)$ は定理 5.9 から十分大きな $p > 1$ に対し $\|DX(t)\|_{k+1, p}$, $\|\Delta(t)^{-1}\|_p$ の多項式で評価される. $\|DX(t)\|_{k+1, p}$ については定理 6.4 から $e^{\nu_1 t}$ の形で評

価される.しかもこの評価は出発点 x に関して一様である.

あとは $\Delta(t) = \det \sigma(t)$ として $\|\Delta(t)^{-1}\|_p$ を評価すればよい.$\tilde{\Delta}(t) = \det \tilde{\sigma}(t)$ とすれば $\Delta(t) = \det J(t)^2 \tilde{\Delta}(t)$ である.

まず $\det J^{-1}(t)$ から見ていく.

$$\det J^{-1}(t) = 1 - \sum_{\alpha=1}^{d} \int_0^t \operatorname{tr} \partial V_\alpha(X(s)) \det J^{-1}(s) \circ dw_s^\alpha$$
$$- \int_0^t \operatorname{tr} \partial V_0(X(s)) \det J^{-1}(s) ds.$$

これから定数 c_2, ν_2 が存在して $\|\det J^{-1}(t)\|_p \leqq c_2 e^{\nu_2 t}$ が従う.実際このことは例題 6.5 から従う.あるいは $J^{-1}(t)$ の満たす確率微分方程式が 1 次であるから命題 6.2 と同様にしてもよい.この評価は x に関係するように見えるが,$J^{-1}(0) = I$ であるから実際は関係しない.

次に $\tilde{\Delta}(t)^{-1}$ を見ていく.これは $\tilde{\sigma}$ の形(6.45)から t に関して単調減少である.したがって,$t \leqq 1$ のときだけ考えればよい.V_α の連続性から,定数 $r > 0, \varepsilon > 0$ を十分小さくとれば

$$a(y) := \sum_{\alpha=1}^{d} V_\alpha(y) \otimes V_\alpha(y) \geqq 2\varepsilon I, \quad \forall y \in B(x,r)$$

とできる.$B(x,r)$ は中心 x,半径 r の閉球を表わす.

次に停止時刻 ζ を

$$\zeta = \inf\{t \geqq 0; |X(t) - x| \geqq r \text{ または } |J(t) - I| \geqq \delta\}$$

で定める.δ は十分小さくとって

$$J^{-1}(t) a(X(t))\, ^tJ^{-1}(t) \geqq \varepsilon I, \quad \forall t \in [0, \zeta)$$

が成り立つようにしておく.ところで ζ に関しては

$$P^W[\zeta \leqq t] \leqq C_2 e^{-\lambda_2/t}$$

が成立する.よって

$$\tilde{\Delta}(t) = \det \int_0^t J^{-1}(s) a(X(s))\, ^tJ^{-1}(s) ds$$
$$\geqq \det \int_0^{t \wedge \zeta} J^{-1}(s) a(X(s))\, ^tJ^{-1}(s) ds$$

§6.1 確率微分方程式 —— 155

$$\geqq \det \int_0^{t\wedge\zeta} \varepsilon I ds$$
$$= (t\wedge\zeta)^N \varepsilon^N.$$

よって
$$\tilde{\Delta}(t)^{-1} \leqq \varepsilon^{-N}(t\wedge\zeta)^{-N}.$$

右辺の積分を評価していこう.

$$\begin{aligned}
E[(t\wedge\zeta)^{-Np}] &= E[t^{-Np}; \zeta \geqq t] + E[\zeta^{-Np}; \zeta < t] \\
&= t^{-Np} P^W[\zeta \geqq t] + E\Big[\int_\zeta^t Npu^{-Np-1}du + t^{-Np}; \zeta < t\Big] \\
&= t^{-Np} + NpE\Big[\int_0^t 1_{[\zeta,t]}(u)u^{-Np-1}du; \zeta < t\Big] \\
&= t^{-Np} + Np\int_0^t u^{-Np-1} E[1_{[\zeta,t]}(u); \zeta < t]du \\
&= t^{-Np} + Np\int_0^t u^{-Np-1} P^W[\zeta \leqq u]du \\
&\leqq t^{-Np} + Np\int_0^t C_2 e^{-\lambda_2/u} u^{-Np-1} du \\
&\leqq t^{-Np} + Np\int_0^\infty C_2 e^{-v} v^{Np+1} \lambda_2^{-Np-1} \frac{\lambda_2^2}{v^2} \frac{dv}{\lambda_2} \quad (v=\lambda_2/u) \\
&= t^{-Np} + NpC_2 \lambda_2^{-Np} \int_0^\infty e^{-v} v^{Np-1} dv \\
&= t^{-Np} + NpC_2 \lambda_2^{-Np} \Gamma(Np).
\end{aligned}$$

以上で
$$E[\tilde{\Delta}(t)^{-p}] \leqq c_3 t^{-Np}, \quad t \leqq 1$$

が示せた.

以上で $\|DF\|_{k+1,p}$, $\|\Delta(t)^{-1}\|_p$ が $ce^{\nu t}/t^\lambda$ で評価されるから, (6.46) が従う.

(6.47)の下では, 上の評価はすべて x に無関係にできる. よって x についての一様性が従う. ∎

§6.2 退化した確率微分方程式

前節で扱ったのは楕円型の退化していない場合であった．退化した場合には，Hörmander による準楕円性の十分条件がよく知られている．ここでは確率論的なアプローチを試みよう．まず例から見ていくことにする．$N=2$, $d=1$, $V_1 = \dfrac{\partial}{\partial x^1}$, $V_0 = x^1 \dfrac{\partial}{\partial x^2}$ とする．したがって，対応する確率微分方程式は

$$(6.52) \quad \begin{cases} dX^1(t) = dw_t, \\ dX^2(t) = X^1(t)dt, \\ X(0) = x = (x^1, x^2). \end{cases}$$

V_1 だけでは $T_x(\mathbb{R}^2)$ を張っていないので，前節の結果は使えない．しかし，この場合は線形の方程式なので直接解を書くことができる．実際

$$X^1(t) = x^1 + w_t,$$
$$X^2(t) = x^2 + x^1 t + \int_0^t w_s ds$$

が解である．しかも $(X^1(t), X^2(t))$ は Gauss 分布を持ち，共分散が

$$\begin{pmatrix} t & t^2/2 \\ t^2/2 & t^3/3 \end{pmatrix}$$

で与えられる．共分散が非退化なので滑らかな密度関数を持つことは明らかである．

Malliavin の共分散行列はどうなっているだろうか．そちらの方から見ていってみよう．まず

$$DX^1(t) = Dw_t = h^t,$$
$$DX^2(t) = \int_0^t Dw_s ds = \int_0^t h^s ds$$

である．ここに h^t は(6.17)で定まる関数である．よって

$$\sigma(t) = \begin{pmatrix} t & t^2/2 \\ t^2/2 & t^3/3 \end{pmatrix}$$

であることは容易にわかる．σ は非退化であるから，このことからも滑らかな密度関数を持つことがわかる．この場合は Gauss 分布の共分散と Malliavin の共分散行列が完全に一致している．もちろんこれは方程式の線形性によるのである．

この例からもわかるように，方程式が退化していても，分布は滑らかな密度関数を持つことがある．以下このことを一般的に見ていくことにする．

(a) 確率 Taylor 展開

再記するが，われわれが考えているのは次の確率微分方程式であった．

(6.53) $\quad \begin{cases} dX(t) = \sum_{\alpha=1}^{d} V_\alpha(X(t)) \circ dw_t^\alpha + V_0(X(t))dt, \\ X(0) = x. \end{cases}$

さてこの解の Wiener 過程による Taylor 展開とでもいうべきものを考えていく．まず記号を準備する．今まで Wiener 過程の添字を w^α と α で表わしてきた．したがって，α は 1 から d を動く．d は Wiener 過程の次元である．以下では記法の簡略化のために，$\alpha=0$ に関しては $w^0(t) = t$ であると規約する．したがって，確率微分方程式 (6.53) は

(6.54) $\quad \begin{cases} dX(t) = \sum_{\alpha=0}^{d} V_\alpha(X(t)) \circ dw_t^\alpha, \\ X(0) = x \end{cases}$

とも表わすことができる．必要に応じて便利なほうをとる．さて

(6.55) $\quad \mathcal{A} = \{\emptyset\} \cup \bigcup_{l=1}^{\infty} \{0, 1, \cdots, d\}^l$

とおき，$\boldsymbol{\alpha} = (\alpha_1, \cdots, \alpha_l) \in \mathcal{A}$ に対し

(6.56) $\quad |\boldsymbol{\alpha}| = l$

で定義する．また

(6.57) $$\boldsymbol{\alpha}- = (\alpha_1, \cdots, \alpha_{l-1}),$$
(6.58) $$\boldsymbol{\alpha}_* = \alpha_l$$

という記号も導入しておく.

さて $\Psi = (\Psi(t); 0 \leqq t \leqq T)$ を Hilbert 空間 K に値をとる半マルチンゲールとするとき

(6.59) $$S^{(\emptyset)}(t; \Psi) = \Psi(t)$$

と定義し, $|\boldsymbol{\alpha}| \geqq 1$ のときは

(6.60) $$S^{(\boldsymbol{\alpha})}(t; \Psi) = \int_0^t S^{(\boldsymbol{\alpha}-)}(s; \Psi) \circ dw_s^{\boldsymbol{\alpha}_*}$$

と帰納的に定義していく. ここでは Stratonovich 対称確率積分が使われていることに注意しよう. 伊藤型で定義するときは $I^{\boldsymbol{\alpha}}(t; \Psi)$ という記号を使う. すなわち, $I^{\emptyset}(t; \Psi) = \Psi(t)$ で

(6.61) $$I^{\boldsymbol{\alpha}}(t; \Psi) = \int_0^t I^{\boldsymbol{\alpha}-}(s; \Psi) dw_s^{\boldsymbol{\alpha}_*}$$

と帰納的に定義する.

特に $\Psi(t) = 1$ のとき

(6.62) $$w_t^{(\boldsymbol{\alpha})} = S^{(\boldsymbol{\alpha})}(t; 1),$$
(6.63) $$w_t^{\boldsymbol{\alpha}} = I^{\boldsymbol{\alpha}}(t; 1)$$

という記号を使う. 重複 Wiener 積分の特別なものである.

さてベクトル場 $V \in C^\infty(\mathbb{R}^N \to \mathbb{R}^N)$ に対しては
$$V_{(\emptyset)} = V,$$
$$V_{(\boldsymbol{\alpha})} = [V_{\alpha_1}, V_{(\alpha_2, \cdots, \alpha_l)}]$$

と帰納的に定義していく. ただし $[\cdot, \cdot]$ は交換子積
$$[X, Y] = XY - YX$$

を表わす.

命題 6.11 $L \in \mathbb{N}, V \in C_b^\infty(\mathbb{R}^N \to \mathbb{R}^N)$ に対し

§6.2 退化した確率微分方程式 —— 159

(6.64) $\quad J^{-1}(t)V(X(t)) = \sum_{|\alpha| \leq L-1} w_t^{(\alpha)} V_{(\alpha)}(x) + \sum_{|\alpha|=L} S^{(\alpha)}(t; Z_{(\alpha)})$

が成立する．ここで

(6.65) $\quad\quad\quad\quad\quad\quad Z_{(\alpha)}(t) = J^{-1}(t) V_{(\alpha)}(X(t))$

である．

[証明] Lについての帰納法で示す．$L=0$ のときは明らかだから，$L=1$ のときをまず証明しよう．伊藤の公式から

$$d(J^{-1}(t)V(X(t)))$$
$$= \sum_{\alpha=0}^{d} J^{-1}(t)[-\partial V_\alpha(X(t))V(X(t)) + \partial V(X(t))V_\alpha(X(t))] \circ dw_t^\alpha$$
$$= \sum_{\alpha=0}^{d} J^{-1}(t)[V_\alpha, V](X(t)) \circ dw_t^\alpha$$

が成立する．これで $L=1$ のときは確かに成立する．

次に L のときを仮定して $L+1$ の場合を証明しよう．$\boldsymbol{\alpha}=(\alpha_1, \cdots, \alpha_L)$ として，$V_{(\boldsymbol{\alpha})}$ に対して $L=1$ のときの結果を適用して

$$Z_{(\boldsymbol{\alpha})}(t) = J^{-1}(t)V_{(\boldsymbol{\alpha})}(X(t))$$
$$= V_{(\boldsymbol{\alpha})}(x) + \sum_{\alpha=0}^{d} \int_0^t J^{-1}(s)[V_\alpha, V_{(\boldsymbol{\alpha})}](X(s)) \circ dw_s^\alpha$$

が得られる．よって

$$S^{(\boldsymbol{\alpha})}(t; Z_{(\boldsymbol{\alpha})})(t)$$
$$= S^{(\boldsymbol{\alpha})}(t;1)V_{(\boldsymbol{\alpha})}(x) + \sum_{\alpha=0}^{d} S^{(\boldsymbol{\alpha})}\Big(t; \int_0^{\cdot} J^{-1}(s)[V_\alpha, V_{(\boldsymbol{\alpha})}](X(s)) \circ dw_s^\alpha\Big)$$
$$= w_t^{(\boldsymbol{\alpha})} V_{(\boldsymbol{\alpha})}(x) + \sum_{\alpha=0}^{d} S^{(\boldsymbol{\alpha},\alpha)}(t; Z_{(\boldsymbol{\alpha},\alpha)}).$$

これを帰納法の仮定と合わせて

$$J^{-1}(t)V(X(t))$$
$$= \sum_{|\alpha| \leq L-1} w_t^{(\alpha)} V_{(\alpha)}(x) + \sum_{|\alpha|=L} S^{(\alpha)}(t; Z_{(\alpha)})$$

$$= \sum_{|\boldsymbol{\alpha}|\leq L-1} w_t^{(\boldsymbol{\alpha})} V_{(\boldsymbol{\alpha})}(x) + \sum_{|\boldsymbol{\alpha}|=L}\left\{ w_t^{(\boldsymbol{\alpha})} V_{(\boldsymbol{\alpha})}(x) + \sum_{\alpha=0}^{d} S^{(\boldsymbol{\alpha},\alpha)}(t; Z_{(\boldsymbol{\alpha},\alpha)}) \right\}$$

$$= \sum_{|\boldsymbol{\alpha}|\leq L} w_t^{(\boldsymbol{\alpha})} V_{(\boldsymbol{\alpha})}(x) + \sum_{|\boldsymbol{\alpha}|=L+1} S^{(\boldsymbol{\alpha})}(t; Z_{(\boldsymbol{\alpha})}).$$

これで $L+1$ の場合が示せた.　　　　　　　　　　　　　　　　■

(b) 重複Wiener積分に対する評価

さて dw^α はオーダーとしては $\sqrt{dt}$ だから，dt の半分である．よって重複積分のモーメントを評価するには

$$\|(\alpha_1,\cdots,\alpha_l)\| = l + \sharp\{1 \leq \lambda \leq l; \alpha_\lambda = 0\}$$

という次数で評価するのが自然である．この記法の下で $w^{(\boldsymbol{\alpha})}$ 等を評価していこう.

$S^{(\boldsymbol{\alpha})}(t;\Psi)$ は Stratonovich 対称確率積分を使って，$I^\alpha(t;\Psi)$ は伊藤積分を使って定義した．$w_t^{(\boldsymbol{\alpha})} = S^{(\boldsymbol{\alpha})}(t;1)$, $w_t^\alpha = I^\alpha(t;1)$ と定義したことを思い出そう．一方は他方で表わされる．これを次に見よう.

命題 6.12　$L \in \mathbb{Z}_+$ に対し正則な行列 $\{c_L(\boldsymbol{\alpha},\boldsymbol{\beta}); \|\boldsymbol{\alpha}\|=\|\boldsymbol{\beta}\|=L\}$ が存在して,

$$(6.66) \qquad w_t^{(\boldsymbol{\alpha})} = \sum_{\|\boldsymbol{\beta}\|=\|\boldsymbol{\alpha}\|} c_L(\boldsymbol{\alpha},\boldsymbol{\beta}) w_t^{\boldsymbol{\beta}}$$

が成立する.

[証明]　$L = \|\boldsymbol{\alpha}\|$ についての帰納法で示す．そこで L まで成立しているとして，$L+1$ のときも成立することを示そう．$\|\boldsymbol{\alpha}\|=L+1$ を満たす $\boldsymbol{\alpha}$ を任意にとる．まず，$\boldsymbol{\alpha}_* = 0$ のとき

$$w_t^{(\boldsymbol{\alpha})} = \int_0^t w_s^{(\boldsymbol{\alpha}-)} ds$$

$$= \sum_{\|\boldsymbol{\gamma}\|=\|\boldsymbol{\alpha}\|-1} c_L(\boldsymbol{\alpha}-,\boldsymbol{\gamma}) \int_0^t w_s^{\boldsymbol{\gamma}} ds.$$

よって

§6.2 退化した確率微分方程式 —— 161

$$c_{L+1}(\boldsymbol{\alpha},\boldsymbol{\beta}) = \begin{cases} c_L(\boldsymbol{\alpha}-,\boldsymbol{\beta}-) & \boldsymbol{\beta}_* = 0 \text{ のとき}, \\ 0 & \boldsymbol{\beta}_* \neq 0 \text{ のとき} \end{cases}$$

ととればよい.

次に, $\boldsymbol{\alpha}_* = k \in \{1, \cdots, d\}$ で, さらに $(\boldsymbol{\alpha}-)_* \neq \boldsymbol{\alpha}_*$ が満たされているとする. このときは

$$\begin{aligned} w_t^{(\boldsymbol{\alpha})} &= \int_0^t w_s^{(\boldsymbol{\alpha}-)} \circ dw_s^k \\ &= \int_0^t w_s^{(\boldsymbol{\alpha}-)} dw_s^k \\ &= \sum_{\|\boldsymbol{\gamma}\| = \|\boldsymbol{\alpha}\|-1} c_L(\boldsymbol{\alpha}-,\boldsymbol{\gamma}) \int_0^t w_s^{\boldsymbol{\gamma}} dw_s^k. \end{aligned}$$

よって

$$c_{L+1}(\boldsymbol{\alpha},\boldsymbol{\beta}) = \begin{cases} c_L(\boldsymbol{\alpha}-,\boldsymbol{\beta}-) & \boldsymbol{\beta}_* = \boldsymbol{\alpha}_* \text{ のとき}, \\ 0 & \boldsymbol{\beta}_* \neq \boldsymbol{\alpha}_* \text{ のとき} \end{cases}$$

ととればよい.

最後に, $\boldsymbol{\alpha}_* = k \in \{1, \cdots, d\}$ かつ $(\boldsymbol{\alpha}-)_* = \boldsymbol{\alpha}_*$ の場合は

$$\begin{aligned} w_t^{(\boldsymbol{\alpha})} &= \int_0^t w_s^{(\boldsymbol{\alpha}-)} \circ dw_s^k \\ &= \int_0^t w_s^{(\boldsymbol{\alpha}-)} dw_s^k + \frac{1}{2} \int_0^t w_s^{(\boldsymbol{\alpha}--)} ds \\ &= \sum_{\|\boldsymbol{\gamma}\| = \|\boldsymbol{\alpha}\|-1} c_L(\boldsymbol{\alpha}-,\boldsymbol{\gamma}) \int_0^t w_s^{\boldsymbol{\gamma}} dw_s^k + \frac{1}{2} \sum_{\|\boldsymbol{\delta}\| = \|\boldsymbol{\alpha}\|-2} c_{L-1}(\boldsymbol{\alpha}--,\boldsymbol{\delta}) \int_0^t w_s^{\boldsymbol{\delta}} ds. \end{aligned}$$

よって

$$c_{L+1}(\boldsymbol{\alpha},\boldsymbol{\beta}) = \begin{cases} c_L(\boldsymbol{\alpha}-,\boldsymbol{\beta}-) & \boldsymbol{\beta}_* = \boldsymbol{\alpha}_* \text{ のとき}, \\ \frac{1}{2} c_{L-1}(\boldsymbol{\alpha}--,\boldsymbol{\beta}-) & \boldsymbol{\beta}_* = 0 \text{ のとき}, \\ 0 & \boldsymbol{\beta}_* \neq 0, \boldsymbol{\alpha}_* \text{ のとき} \end{cases}$$

とすればよい.

$\{c_L(\boldsymbol{\alpha},\boldsymbol{\beta}); \|\boldsymbol{\alpha}\| = \|\boldsymbol{\beta}\| = L\}$ が正則であることは, 帰納的に示せる. ∎

ここで新しい記号 $\|\!|\cdot\|\!|$ を次で導入しておく.

(6.67) $$\|\!|\boldsymbol{\alpha}\|\!| = 2|\boldsymbol{\alpha}| - \|\boldsymbol{\alpha}\|.$$

これは $\boldsymbol{\alpha}$ の中の確率積分に応じた次数を表わしている.

命題 6.13 $\boldsymbol{\alpha}$ に対し定数 $C_{\boldsymbol{\alpha}}$ が存在して

(6.68) $$P^W\left[\sup_{0\leq s\leq t}|w_s^{\boldsymbol{\alpha}}|\geq t^{\|\!|\boldsymbol{\alpha}\|\!|/2}K^{\|\!|\boldsymbol{\alpha}\|\!|/2}\right]\leq C_{\boldsymbol{\alpha}}e^{-K/2},\quad \forall K>0$$

が成立する. また定数 $C'_{\boldsymbol{\alpha}},M_{\boldsymbol{\alpha}}>0$ が存在して

(6.69) $$P^W\left[\sup_{0\leq s\leq t}|w_s^{(\boldsymbol{\alpha})}|\geq t^{\|\!|\boldsymbol{\alpha}\|\!|/2}K^{\|\!|\boldsymbol{\alpha}\|\!|/2}\right]\leq C'_{\boldsymbol{\alpha}}e^{-M_{\boldsymbol{\alpha}}K},\quad \forall K>0$$

が成立する.

[証明] (6.68)を $L=|\boldsymbol{\alpha}|$ に関する帰納法で示す. L まで正しいとして, $|\boldsymbol{\alpha}|=L+1$ である $\boldsymbol{\alpha}$ に対して示そう.

(ⅰ) $\boldsymbol{\alpha}_*=0$ のとき.

このときは帰納法の仮定を使って

$$P^W\left[\sup_{0\leq s\leq t}|w_s^{\boldsymbol{\alpha}}|\geq t^{\|\!|\boldsymbol{\alpha}\|\!|/2}K^{\|\!|\boldsymbol{\alpha}\|\!|/2}\right]$$
$$=P^W\left[\sup_{0\leq s\leq t}\left|\int_0^s w_u^{\boldsymbol{\alpha}-}du\right|\geq t^{(\|\!|\boldsymbol{\alpha}-\|\!|+2)/2}K^{\|\!|\boldsymbol{\alpha}-\|\!|/2}\right]$$
$$\leq P^W\left[t\sup_{0\leq s\leq t}|w_s^{\boldsymbol{\alpha}-}|\geq t^{(\|\!|\boldsymbol{\alpha}-\|\!|+2)/2}K^{\|\!|\boldsymbol{\alpha}-\|\!|/2}\right]$$
$$\leq C_{\boldsymbol{\alpha}-}e^{-K/2}.$$

よって $\boldsymbol{\alpha}_*=0$ のときが示せた.

(ⅱ) $\boldsymbol{\alpha}_*\in\{1,\cdots,d\}$ のとき.

$\langle w^{\boldsymbol{\alpha}}\rangle_t = \int_0^t |w_s^{\boldsymbol{\alpha}-}|^2 ds$ に注意しておく.

$$P^W\left[\sup_{0\leq s\leq t}|w_s^{\boldsymbol{\alpha}}|\geq t^{\|\!|\boldsymbol{\alpha}\|\!|/2}K^{\|\!|\boldsymbol{\alpha}\|\!|/2}\right]$$
$$\leq P^W\left[\sup_{0\leq s\leq t}|w_s^{\boldsymbol{\alpha}-}|\geq t^{\|\!|\boldsymbol{\alpha}-\|\!|/2}K^{\|\!|\boldsymbol{\alpha}-\|\!|/2}\right]$$

§6.2 退化した確率微分方程式

$$+ P^W \Big[\sup_{0 \leq s \leq t} |w_s^{\alpha-}| \leq t^{\|\alpha-\|/2} K^{\|\alpha-\|/2}, \sup_{0 \leq s \leq t} |w_s^\alpha| \geq t^{\|\alpha\|/2} K^{\|\alpha\|/2} \Big]$$

$$\leq C_{\alpha-} e^{-K/2}$$

$$+ P^W \Big[\int_0^t |w_s^{\alpha-}|^2 ds \leq t^{\|\alpha\|} K^{\|\alpha\|-1}, \sup_{0 \leq s \leq t} |w_s^\alpha| \geq t^{\|\alpha\|/2} K^{\|\alpha\|/2} \Big]$$

$$\leq C_{\alpha-} e^{-K/2} + 2 \exp\{-t^{\|\alpha\|} K^{\|\alpha\|}/2 t^{\|\alpha\|} K^{\|\alpha\|-1}\} \quad (\because 命題 6.8)$$

$$\leq (C_{\alpha-} + 2) e^{-K/2}.$$

以上ですべての場合が示された.

(6.69)は命題6.12に注意すればよい. 詳細は読者に委ねる. ∎

上の命題は一般化することが可能である. それを次に述べる.

$$Z(t) = Z(0) + \sum_{\alpha=1}^d \int_0^t Y_\alpha(s) dw_s^\alpha + \int_0^t Y_0(s) ds$$

に対し $S^{(\alpha)}(t; Z)$ を定義したが,その分布に関し次のような評価が得られる.

命題 6.14 α に対し定数 C_α が存在して

(6.70)
$$P^W \Big[\sup_{0 \leq s \leq t} |S^{(\alpha)}(s; Z)| \geq t^{\|\alpha\|/2} K^{1+\|\alpha\|/2},$$

$$\sup_{0 \leq s \leq t} |Z(s)| < K, \int_0^t \sum_{\alpha=1}^d |Y_\alpha(s)|^2 ds < K^3 \Big] \leq C_\alpha e^{-K/8}, \quad \forall K > 0$$

が成立する.

[証明] $L = |\alpha|$ に関する帰納法で示す. まず $L=1$ の場合から考えよう.

$$S^{(0)}(t; Z) = \int_0^t Z(s) ds$$

だから

$$\sup_{0 \leq s \leq t} |S^{(0)}(s; Z)| \leq \int_0^t |Z(s)| ds \leq t \sup_{0 \leq s \leq t} |Z(s)|.$$

これから(6.70)の左辺の事象は空となり,自明に成立する.

次に $\alpha \in \{1, \cdots, d\}$ に対し

$$S^{(\alpha)}(t;Z) = \int_0^t Z(s) \circ dw_s^\alpha$$
$$= \int_0^t Z(s) dw_s^\alpha + \frac{1}{2}\int_0^t Y_\alpha(s)ds$$

であるから

$$\sup_{0 \leqq s \leqq t}|S^{(\alpha)}(s;Z)| \leqq \sup_{0 \leqq s \leqq t}\left|\int_0^s Z(u)dw_u^\alpha\right| + \frac{1}{2}\int_0^t |Y_\alpha(s)|ds$$
$$\leqq \sup_{0 \leqq s \leqq t}\left|\int_0^s Z(u)dw_u^\alpha\right| + \frac{\sqrt{t}}{2}\sqrt{\int_0^t |Y_\alpha(s)|^2 ds}\,.$$

よって(6.70)の左辺を評価すれば

$$P^W\Big[\sup_{0 \leqq s \leqq t}|S^{(\alpha)}(s;Z)| \geqq t^{1/2}K^{3/2}, \sup_{0 \leqq s \leqq t}|Z(s)| < K, \int_0^t \sum_{\alpha=1}^d |Y_\alpha(s)|^2 ds < K^3\Big]$$
$$\leqq P^W\Big[\sup_{0 \leqq s \leqq t}\left|\int_0^s Z(u)dw_u^\alpha\right| \geqq \frac{1}{2}t^{1/2}K^{3/2}, \sup_{0 \leqq s \leqq t}|Z(s)| < K,$$
$$\int_0^t \sum_{\alpha=1}^d |Y_\alpha(s)|^2 ds < K^3\Big]$$
$$+ P^W\Big[\frac{\sqrt{t}}{2}\sqrt{\int_0^t |Y_\alpha(s)|^2 ds} \geqq \frac{1}{2}t^{1/2}K^{3/2}, \sup_{0 \leqq s \leqq t}|Z(s)| < K,$$
$$\int_0^t \sum_{\alpha=1}^d |Y_\alpha(s)|^2 ds < K^3\Big]$$
$$\leqq P^W\Big[\sup_{0 \leqq s \leqq t}\left|\int_0^s Z(u)dw_u^\alpha\right| \geqq \frac{1}{2}t^{1/2}K^{3/2}, \int_0^t Z(s)^2 ds < tK^2\Big]$$
$$\leqq 2\exp\Big\{-\frac{tK^3/4}{2tK^2}\Big\} = 2e^{-K/8}.$$

以上で,$|\boldsymbol{\alpha}|=1$ の場合は示せた.

次に L まで仮定して $L+1$ のときを示す.そこで $|\boldsymbol{\alpha}|=L+1$ となる $\boldsymbol{\alpha} \in \mathcal{A}$ をとってくる.

(i) $\boldsymbol{\alpha}_*=0$ のとき.このときは
$$S^{(\alpha)}(t;Z) = \int_0^t S^{(\alpha-)}(s;Z)ds$$

§6.2 退化した確率微分方程式

だから

$$\sup_{0\leq s\leq t}|S^{(\alpha)}(s;Z)| \leq \int_0^t |S^{(\alpha-)}(s;Z)|ds \leq t\sup_{0\leq s\leq t}|S^{(\alpha-)}(s;Z)|.$$

これから，帰納法の仮定を使って

$$P^W\Big[\sup_{0\leq s\leq t}|S^{(\alpha)}(s;Z)| \geq t^{\|\alpha\|/2}K^{1+\|\alpha\|/2}, \sup_{0\leq s\leq t}|Z(s)|<K,$$

$$\int_0^t \sum_{\alpha=1}^d |Y_\alpha(s)|^2 ds < K^3\Big]$$

$$\leq P^W\Big[t\sup_{0\leq s\leq t}|S^{(\alpha-)}(s;Z)| \geq t^{\|\alpha-\|/2+1}K^{1+\|\alpha-\|/2},$$

$$\sup_{0\leq s\leq t}|Z(s)|<K, \int_0^t \sum_{\alpha=1}^d |Y_\alpha(s)|^2 ds < K^3\Big]$$

$$\leq C_{\alpha-}e^{-K/8}$$

が得られる．

(ii) $\boldsymbol{\alpha}_* = (\boldsymbol{\alpha}-)_* = k \in \{1,\cdots,d\}$ のとき．このときは

$$S^{(\alpha)}(t;Z) = \int_0^t S^{(\alpha-)}(s;Z) \circ dw_s^k$$
$$= \int_0^t S^{(\alpha-)}(s;Z) dw_s^k + \frac{1}{2}\int_0^t S^{(\alpha--)}(s;Z)ds$$

であるから

$$\sup_{0\leq s\leq t}|S^{(\alpha)}(s;Z)| \leq \sup_{0\leq s\leq t}\Big|\int_0^s S^{(\alpha-)}(u;Z)dw_u^k\Big| + \frac{1}{2}\int_0^t |S^{(\alpha--)}(s;Z)|ds$$

が従う．よってこれから，帰納法の仮定を使って

$$P^W\Big[\sup_{0\leq s\leq t}|S^{(\alpha)}(s;Z)| \geq t^{\|\alpha\|/2}K^{1+\|\alpha\|/2}, \sup_{0\leq s\leq t}|Z(s)|<K,$$

$$\int_0^t \sum_{\alpha=1}^d |Y_\alpha(s)|^2 ds < K^3\Big]$$

$$\leq P^W\Big[\sup_{0\leq s\leq t}\Big|\int_0^s S^{(\alpha-)}(u;Z)dw_u^k\Big| \geq \frac{1}{2}t^{\|\alpha\|/2}K^{1+\|\alpha\|/2},$$

$$\sup_{0\leq s\leq t}|Z(s)|<K,\ \int_0^t\sum_{\alpha=1}^d|Y_\alpha(s)|^2 ds<K^3\Big]$$

$$+P^W\Big[\frac{1}{2}t\sup_{0\leq s\leq t}|S^{(\alpha--)}(s;Z)|\geq \frac{1}{2}t^{\|\alpha\|/2}K^{1+\|\alpha\|/2},$$

$$\sup_{0\leq s\leq t}|Z(s)|<K,\ \int_0^t\sum_{\alpha=1}^d|Y_\alpha(s)|^2 ds<K^3\Big]$$

$$\leq P^W\Big[\sup_{0\leq s\leq t}|S^{(\alpha-)}(s;Z)|\geq t^{\|\alpha-\|/2}K^{1+\|\alpha-\|/2},$$

$$\sup_{0\leq s\leq t}|Z(s)|<K,\ \int_0^t\sum_{\alpha=1}^d|Y_\alpha(s)|^2 ds<K^3\Big]$$

$$+P^W\Big[\sup_{0\leq s\leq t}\Big|\int_0^s S^{(\alpha-)}(u;Z)dw_u^k\Big|\geq \frac{1}{2}t^{\|\alpha\|/2}K^{1+\|\alpha\|/2},$$

$$\sup_{0\leq s\leq t}|S^{(\alpha-)}(s;Z)|<t^{\|\alpha-\|/2}K^{1+\|\alpha-\|/2}\Big]$$

$$+P^W\Big[\sup_{0\leq s\leq t}|S^{(\alpha--)}(s;Z)|\geq t^{\|\alpha--\|/2}K^{2+\|\alpha--\|/2},$$

$$\sup_{0\leq s\leq t}|Z(s)|<K,\ \int_0^t\sum_{\alpha=1}^d|Y_\alpha(s)|^2 ds<K^3\Big].$$

このうち第1項は $C_{\alpha-}e^{-K/8}$ で押えられる．第3項は $K\geq 1$ のときは帰納法で $C_{\alpha--}e^{-K/8}$ で上から評価できる．$K\leq 1$ のときは常に $e^{1/8}e^{-K/8}(\geq 1)$ で自明に評価できる．第2項に関しては

$$第2項\leq P^W\Big[\sup_{0\leq s\leq t}\Big|\int_0^s S^{(\alpha-)}(u;Z)dw_u^k\Big|\geq \frac{1}{2}t^{\|\alpha\|/2}K^{1+\|\alpha\|/2},$$

$$\int_0^t|S^{(\alpha-)}(s;Z)|^2 ds<t^{\|\alpha\|}K^{2+\|\alpha\|-1}\Big]$$

$$\leq 2\exp\Big\{-\frac{t^{\|\alpha\|}K^{2+\|\alpha\|}/4}{2t^{\|\alpha\|}K^{1+\|\alpha\|}}\Big\}=2e^{-K/8}.$$

以上3つを合わせて求める結果が従う．

$\boldsymbol{\alpha}_*\in\{1,\cdots,d\}$ の残りの場合は上の場合のように補正項が出ないから，さらにやさしい．以上で $L+1$ のときも示せ，帰納法が完結した．

(c) 基本解の滑らかさ(退化した場合)

さて退化した場合を扱うために次の命題を準備する．この証明は簡単ではないので後回しにする．

命題 6.15 $n \in \mathbb{Z}_+$ に対し正定数 C, M, μ が存在して

$$(6.71) \quad P^W\Big[\inf_{\substack{\sum_{\|\alpha\| \leq n-1} b_\alpha^2 = 1}} \frac{1}{t^n} \int_0^t \Big(\sum_{\|\alpha\| \leq n-1} b_\alpha w_s^{(\alpha)}\Big)^2 ds \leq \frac{1}{K}\Big] \leq C\exp(-MK^\mu),$$

$$\forall K > 0,\ \forall t \in (0,1]$$

が成立する． □

さて以上の準備の下で $n \in \mathbb{N},\ x \in \mathbb{R}^N,\ \eta \in S^{N-1}$ に対して

$$(6.72) \quad \Xi_n(x;\eta) = \sum_{\alpha=1}^d \sum_{\|\alpha\| \leq n-1} ((V_\alpha)_{(\alpha)}(x), \eta)_{\mathbb{R}^N}^2,$$

$$(6.73) \quad \Xi_n(x) = \inf_{\eta \in S^{N-1}} \Xi_n(x;\eta)$$

と定義する．$(\cdot, \cdot)_{\mathbb{R}^N}$ は Euclid 内積である．ある L に対して $\Xi_L(x) > 0$ であるとき **Hörmander** の意味で非退化であるという．非退化といわれるのは，$\{(V_\alpha)_{(\alpha)};\ \alpha = 1, \cdots, d,\ |\alpha| \leq L\}$ が点 x において $T_x(\mathbb{R}^N)$ 全体を張っているからである．

定理 6.16 $V_0, V_1, \cdots, V_d \in C_b^\infty(\mathbb{R}^N \to \mathbb{R}^N)$ に対し Hörmander の条件 $\Xi_L(x) > 0$ を仮定する．このとき，$X(t,x,w)$ の法則 $P(t,x,dy)$ は滑らかな密度関数 $p(t,x,y)$ を持ち $n \in \mathbb{Z}_+$ に対して，正定数 c, ν, λ がとれ

$$(6.74) \quad \max_{0 \leq k \leq n} \sup_{y \in \mathbb{R}^N} |\nabla_y^k p(t,x,y)| \leq ce^{\nu t}/t^\lambda,\quad \forall t > 0$$

を満たす．

また $\Xi_L(x)$ が一様に下から評価されれば，(6.74) も x について一様である．

[証明] 定理 6.7 と同様に $\tilde\sigma(t)$ の非退化性を示せばよい．ただし，$\tilde\sigma(t)$ は (6.45) で与えられる．また $\tilde\sigma(t)$ の単調性から $t \leq 1$ のときだけ考える．

第6章 確率微分方程式への応用

そこで $J^{-1}(t)V(X(t))$ を $\|\boldsymbol{\alpha}\|$ によって Taylor 展開して
$$J^{-1}(t)V(X(t)) = \sum_{\|\boldsymbol{\alpha}\|\leq L-1} w_t^{(\boldsymbol{\alpha})} V_{(\boldsymbol{\alpha})}(x) + R_L(t;V).$$
ここに $Z_{(\boldsymbol{\alpha})}$ を (6.65) で定めて
$$R_L(t;V) = \sum_{|\boldsymbol{\alpha}|=L} S^{(\boldsymbol{\alpha})}(t;Z_{(\boldsymbol{\alpha})}) + \sum_{\substack{\|\boldsymbol{\alpha}\|\geq L\\|\boldsymbol{\alpha}|<L}} w_t^{(\boldsymbol{\alpha})} V_{(\boldsymbol{\alpha})}(x).$$
まず $\eta \in S^{N-1}$ に対し
$$(6.75) \qquad (\eta, \tilde{\sigma}(t)\eta)_{\mathbb{R}^N} = \sum_{\alpha=1}^d \int_0^t (J^{-1}(s)V_\alpha(X(s)),\eta)_{\mathbb{R}^N}^2 ds$$
に注意しよう.
$$(6.76) \qquad \tilde{\lambda}(t,x) = \inf_{\eta \in S^{N-1}} (\eta, \tilde{\sigma}(t)\eta)_{\mathbb{R}^N}$$
とおく. 一方, (6.75) を使えば
$$(\eta, \tilde{\sigma}(t)\eta)_{\mathbb{R}^N} \geq \frac{1}{2} \sum_{\alpha=1}^d \int_0^t \Big\{ \sum_{\|\boldsymbol{\alpha}\|\leq L-1} w_s^{(\boldsymbol{\alpha})} ((V_\alpha)_{(\boldsymbol{\alpha})}(x),\eta) \Big\}^2 ds$$
$$- \sum_{\alpha=1}^d \int_0^t (R_L(s;V_\alpha),\eta)_{\mathbb{R}^N}^2 ds$$
であるから
$$\tilde{\lambda}(t,x) \geq \frac{1}{2} \inf_{\eta \in S^{N-1}} \Big(\sum_{\alpha=1}^d \int_0^t \Big\{ \sum_{\|\boldsymbol{\alpha}\|\leq L-1} w_s^{(\boldsymbol{\alpha})} ((V_\alpha)_{(\boldsymbol{\alpha})}(x),\eta) \Big\}^2 ds \Big)$$
$$- \sum_{\alpha=1}^d \int_0^t |R_L(s;V_\alpha)|^2 ds.$$
$\Xi_L(x)$ の定義から少なくともある α に対し
$$\sum_{\|\boldsymbol{\alpha}\|\leq L-1} ((V_\alpha)_{(\boldsymbol{\alpha})}(x),\eta)^2 \geq \Xi_L(x)/d$$
となるから
$$\inf_{\eta \in S^{N-1}} \sum_{\alpha=1}^d \int_0^t \Big\{ \sum_{\|\boldsymbol{\alpha}\|\leq L-1} w_s^{(\boldsymbol{\alpha})} ((V_\alpha)_{(\boldsymbol{\alpha})}(x),\eta) \Big\}^2 ds$$

§6.2 退化した確率微分方程式 —— 169

$$\geq \frac{\Xi_L(x)}{d} \inf_{\substack{\sum_{\|\alpha\| \leq L-1} b_\alpha^2 = 1}} \int_0^t \Big\{ \sum_{\|\alpha\| \leq L-1} b_\alpha w_s^{(\alpha)} \Big\}^2 ds.$$

ここで停止時刻 ζ を
$$\zeta = \inf\{t \geq 0;\ |X(t)-x| \geq 1 \text{ または } |J(t)-I| \geq 1/2\}$$
と定める. すると $0 < \varepsilon < 1,\ K \geq 1$ として

$$P^W\Big[\frac{1}{t^L}\tilde{\lambda}(t,x) \leq \frac{1}{K^{L+1-\varepsilon}}\Big]$$

$$\leq P^W\Big[\frac{1}{t^L}\tilde{\lambda}(t/K,x) \leq \frac{1}{K^{L+1-\varepsilon}}\Big]$$

$$\leq P^W[\zeta \leq t/K] + P^W\Big[\frac{1}{t^L}\tilde{\lambda}(t/K,x) \leq \frac{1}{K^{L+1-\varepsilon}},\ \zeta \geq t/K\Big]$$

$$\leq P^W[\zeta \leq t/K]$$
$$+ P^W\Big[\frac{\Xi_L(x)}{2dt^L}\Big(\frac{t}{K}\Big)^L \inf_{\substack{\sum_{\|\alpha\| \leq L-1} b_\alpha^2 = 1}} \Big(\frac{K}{t}\Big)^L \int_0^{t/K} \Big\{\sum_{\|\alpha\| \leq L-1} b_\alpha w_s^{(\alpha)}\Big\}^2 ds$$
$$\leq \frac{2}{K^{L+1-\varepsilon}}\Big]$$
$$+ P^W\Big[\frac{1}{t^L}\sum_{\alpha=1}^d \int_0^{t/K} |R_L(s;V_\alpha)|^2 ds \geq \frac{1}{K^{L+1-\varepsilon}},\ \zeta \geq t/K\Big]$$

$$\leq P^W[\zeta \leq t/K]$$
$$+ P^W\Big[\inf_{\substack{\sum_{\|\alpha\| \leq L-1} b_\alpha^2 = 1}} \Big(\frac{K}{t}\Big)^L \int_0^{t/K}\Big\{\sum_{\|\alpha\| \leq L-1} b_\alpha w_s^{(\alpha)}\Big\}^2 ds \leq \frac{4d}{\Xi_L(x)K^{1-\varepsilon}}\Big]$$
$$+ P^W\Big[\sup_{0 \leq s \leq t/K}\sum_{\alpha=1}^d |R_L(s;V_\alpha)|^2 \geq \Big(\frac{t}{K}\Big)^L \frac{K^\varepsilon}{t},\ \zeta \geq t/K\Big].$$

第 1 項に関しては命題 6.10 から Ce^{-MK} の形で評価できる. 実際は $Ce^{-MK/t}$ であるが $t \leq 1$ より t に無関係にとれる.

 第 2 項に関しても $Ce^{-M(x)K^\mu}$ の形で評価できる. この場合は $M(x)$ は x に依存するが, $M(x) = M_0 \Xi_L(x)^\eta$ の形で与えられることは明らかだろう.

 第 3 項に関しては $\sup\limits_{0 \leq s \leq t/K} |w_s^{(\alpha)}|$ と $\sup\limits_{0 \leq s \leq t/K} |S^{(\alpha)}(s;Z_{(\alpha)})|$ をそれぞれ評価す

ればよい．前者に関しては命題 6.13 から Ce^{-MK^μ} で評価できる．後者に関しては命題 6.14 を使えばよいわけだが，$\zeta \geqq t/K$ の条件からこの範囲では $J^{-1}(t)$ は有界であり，$Z_{(\alpha)}$ を確率積分で表わしたときの被積分関数は有界だから K が十分大きければやはり Ce^{-MK^μ} で評価できる．以上により

$$P^W\Big[\frac{1}{t^L}\tilde{\lambda}(t,x) \leqq \frac{1}{K^{L+1-\varepsilon}}\Big] \leqq Ce^{-M(x)K^\mu}.$$

ここで K を $K^{1/(L+1-\varepsilon)}$ とおきかえ $\varepsilon = 1/(L+1)$ とすれば

$$P^W\Big[\frac{1}{t^L}\tilde{\lambda}(t,x) \leqq \frac{1}{K}\Big] \leqq Ce^{-M(x)K^\mu}$$

が得られる（C, M, μ などは行ごとに異なる定数として取り扱っている）．したがって，

$$E\Big[\Big(\frac{t^L}{\tilde{\lambda}(t,x)}\Big)^p\Big]$$
$$\leqq p\int_0^\infty C\exp(-M(x)/u^\mu)u^{-p-1}du$$
$$= p\int_0^\infty Ce^{-v}M(x)^{-(p+1)/\mu}v^{-(-p-1)/\mu}\frac{1}{M(x)\mu}v^{(-\mu-1)/\mu}M(x)^{(\mu+1)/\mu}dv$$
$$\Big(v = \frac{M(x)}{u^\mu},\ dv = -\frac{M(x)\mu}{u^{\mu+1}}du\Big)$$
$$= \frac{pC}{\mu}M(x)^{-p/\mu}\int_0^\infty e^{-v}v^{p/\mu-1}dv$$
$$= \frac{pC}{\mu M(x)^{p/\mu}}\Gamma\Big(\frac{p}{\mu}\Big).$$

これから $M(x) = M_0\Xi_L(x)^\eta$ であったことを思い出せば

$$E\Big[\frac{1}{\tilde{\lambda}(t,x)^p}\Big] \leqq \frac{pC\Gamma(p/\mu)}{\mu M_0^{p/\mu}\Xi_L(x)^{\eta p/\mu}t^{Lp}}.$$

よって最終的に $\det\tilde{\sigma}(t)$ の評価が次のように得られる．

$$E[(\det\tilde{\sigma}(t))^{-p}] \leqq E\Big[\frac{1}{\tilde{\lambda}(t,x)^{Np}}\Big]$$

$$\leq C' \frac{1}{\Xi_L(x)^\gamma t^{LNp}}.$$

ただし,ここでは煩雑になるのであまりはっきり書かなかったが,$\Xi_L(x)$ は有界であるとして計算を進めている.したがってより正確には上の評価の中の $\Xi_L(x)$ は $\Xi_L(x) \wedge 1$ とすべきである.これで,x に関する依存性まで含めて求める結果がすべて得られた. ∎

§6.3 基本的な評価

この節では前節で保留した命題 6.15 の証明を行なう.まず準備から始めよう.

もっとも基本的となるのは,J. Norris によって証明された次の評価である.

命題 6.17 次の形の伊藤過程

(6.77) $$Y(t) = y + \int_0^t a(s)ds + \sum_{\alpha=1}^d \int_0^t u_\alpha(s) dw_s^\alpha$$

(6.78) $$a(t) = \alpha + \int_0^t \beta(s)ds + \sum_{\alpha=1}^d \int_0^t \gamma_\alpha(s) dw_s^\alpha$$

が与えられているとする.τ を $\tau \leq T$ である有界な停止時刻で,$q > 22$, $\nu = (q-22)/9$ とする.このとき定数 $C = C(T, q, \nu)$, $M = M(T, q, \nu)$ が存在して

(6.79)
$$P\Big[\int_0^\tau Y(t)^2 dt \leq \varepsilon^q, \ \int_0^\tau (|a(t)|^2 + |u(t)|^2)dt \geq \varepsilon,$$
$$\sup_{0 \leq t \leq \tau}(|a(t)| \vee |u(t)| \vee |\beta(t)| \vee |\gamma(t)|) \leq \varepsilon^{-1}\Big] \leq C e^{-M/\varepsilon^\nu}$$

が成立する.

[証明] $t \geq \tau$ のとき $u(t) = 0$, $\beta(t) = 0$, $\gamma(t) = 0$ としても一般性を失わない.まず次の確率過程を導入する.

$$A(t) = \int_0^t a(s)ds,$$

$$M(t) = \sum_{\alpha=1}^{d} \int_0^t u_\alpha(s) dw_s^\alpha,$$

$$N(t) = \sum_{\alpha=1}^{d} \int_0^t Y(s) u_\alpha(s) dw_s^\alpha,$$

$$Q(t) = \sum_{\alpha=1}^{d} \int_0^t A(s) \gamma_\alpha(s) dw_s^\alpha.$$

さらに $\eta, \delta > 0$ に対し

$$B_1(\eta,\delta) = \left\{ \langle N,N \rangle_\tau \leqq \eta, \sup_{t \leqq \tau} |N(t)| \geqq \delta \right\},$$

$$B_2(\eta,\delta) = \left\{ \langle M,M \rangle_\tau \leqq \eta, \sup_{t \leqq \tau} |M(t)| \geqq \delta \right\},$$

$$B_3(\eta,\delta) = \left\{ \langle Q,Q \rangle_\tau \leqq \eta, \sup_{t \leqq \tau} |Q(t)| \geqq \delta \right\}$$

とおく.命題 6.8 から各 $i=1,2,3$ に対し

$$P[B_i(\eta,\delta)] \leqq 2e^{-\delta^2/2\eta}$$

が成立している.そこで $q_1 = (q-2-\nu)/2$, $q_2 = (q_1/2-1-\nu)/2$, $q_3 = (2q_2-2-\nu)/2$ とおき $\delta_i = \varepsilon^{q_i}$ とする.

$$N = \Big\{ \int_0^\tau Y(t)^2 dt \leqq \varepsilon^q, \int_0^\tau (|a(t)|^2 + |u(t)|^2) dt \geqq \varepsilon,$$
$$\sup_{0 \leqq t \leqq \tau} (|a(t)| \vee |u(t)| \vee |\beta(t)| \vee |\gamma(t)|) \leqq \varepsilon^{-1} \Big\}$$

とおく.以下適当に $\eta_i, i=1,2,3$ を ε に応じてとり $B_i = B_i(\eta_i,\delta_i)$ が $O(e^{-1/\varepsilon^\nu})$ の確率を持つことを示す.しかも

$$N \subseteq B_1 \cup B_2 \cup B_3$$

が満たされれば,定理の主張が従う.

ε は十分小のときを示せばよいから $\varepsilon \leqq 1$ としてよい.そこで $w \in N \setminus (B_1 \cup B_2 \cup B_3)$ とする.すると $\int_0^\tau Y(t)^2 dt \leqq \varepsilon^q$ である.さらに

$$\langle N \rangle_\tau = \int_0^\tau Y(t)^2 |u(t)|^2 dt \leqq \varepsilon^{q-2}$$

だから,$\eta_1 = \varepsilon^{q-2}$ として,$w \notin B_1$ だから

$$\sup_{t\leqq\tau}\Big|\sum_{\alpha=1}^{d}\int_0^t Y(s)u_\alpha(s)dw_s^\alpha\Big| < \delta_1 = \varepsilon^{q_1}.$$

また

$$\sup_{t\leqq\tau}\Big|\int_0^t Y(s)a(s)ds\Big| \leqq T^{1/2}\Big\{\int_0^\tau Y(t)^2 a(t)^2 dt\Big\}^{1/2} \leqq T^{1/2}\varepsilon^{q/2-1}$$

であるから,

$$\sup_{t\leqq\tau}\Big|\int_0^t Y(s)dY(s)\Big| \leqq \varepsilon^{q_1} + T^{1/2}\varepsilon^{q/2-1}.$$

さてここで伊藤の公式から

$$Y(t)^2 = y^2 + 2\int_0^t Y(s)dY(s) + \langle M\rangle_t$$

だから

$$\int_0^\tau \langle M\rangle_t dt = \int_0^\tau Y(t)^2 dt - \tau y^2 - 2\int_0^\tau dt \int_0^t Y(s)dY(s)$$
$$\leqq \varepsilon^q + 2T(\varepsilon^{q_1} + T^{1/2}\varepsilon^{q/2-1})$$
$$\leqq (2T^{3/2} + 2T + 1)\varepsilon^{q_1}$$

が十分小さな ε に対して成り立つ. $\langle M\rangle_t$ は単調増大だから

$$\gamma\langle M\rangle_{\tau-\gamma} \leqq \int_{\tau-\gamma}^\tau \langle M\rangle_t dt \leqq (2T^{3/2}+2T+1)\varepsilon^{q_1}$$

であり

$$\langle M\rangle_\tau = \langle M\rangle_{\tau-\gamma} + \int_{\tau-\gamma}^\tau |u(s)|^2 ds$$
$$\leqq (2T^{3/2}+2T+1)\varepsilon^{q_1}\gamma^{-1} + \gamma\varepsilon^{-2}$$

が $0\leqq\gamma\leqq\tau$ に対して成立する. しかし, $\gamma>\tau$ のときは $\langle M\rangle_\tau \leqq \varepsilon^{-2}\gamma$ だから, 上の関係式は結局, 任意の $\gamma\geqq 0$ に対して成立する. そこで, $\gamma=(2T^{3/2}+2T+1)^{1/2}\varepsilon^{q_1/2+1}$, $\eta_2 = 2(2T^{3/2}+2T+1)^{1/2}\varepsilon^{q_1/2-1}$ とおけば,

$$\langle M\rangle_\tau \leqq 2(2T^{3/2}+2T+1)^{1/2}\varepsilon^{q_1/2-1} = \eta_2$$

が成立する. $w\notin B_2$ だから,

$$\sup_{t \leq \tau} |M(t)| < \varepsilon^{q_2}.$$

ここで再び $\int_0^\tau Y(t)^2 dt \leq \varepsilon^q$ から
$$|\{t \in [0,\tau];\ |Y(t)| \geq \varepsilon^{q/3}\}| \leq \varepsilon^{q/3}.$$
ここで $|\cdot|$ は Lebesgue 測度を表わす. よって
$$|\{t \in [0,\tau];\ |y+A(t)| \geq \varepsilon^{q/3}+\varepsilon^{q_2}\}| \leq \varepsilon^{q/3}.$$
任意の $t \in [0,\tau)$ に対し $s \in [0,\tau)$ が存在し $|s-t| \leq \varepsilon^{q/3}$, $|y+A(s)| < \varepsilon^{q/3}+\varepsilon^{q_2}$. よって
$$|y+A(t)| \leq |y+A(s)| + \left|\int_s^t a(r)dr\right| \leq \varepsilon^{q/3}+\varepsilon^{q_2}+\varepsilon^{q/3-1}.$$
特に
$$|y| \leq \varepsilon^{q/3}+\varepsilon^{q_2}+\varepsilon^{q/3-1}.$$
よって
$$|A(t)| \leq 2(\varepsilon^{q/3}+\varepsilon^{q_2}+\varepsilon^{q/3-1}) \leq 6\varepsilon^{q_2}.$$
ここで伊藤の公式から
$$\int_0^\tau a(t)^2 dt = \int_0^\tau a(t)dA(t)$$
$$= a(\tau)A(\tau) - \int_0^\tau A(t)\Big(\beta(t)dt + \sum_{\alpha=1}^d \gamma_\alpha(t)dw_t^\alpha\Big).$$
一方 $|a(\tau)A(\tau)| \leq 6\varepsilon^{q_2-1}$ でさらに
$$\left|\int_0^\tau A(t)\beta(t)dt\right| \leq 6T\varepsilon^{q_2-1},$$
$$\langle Q \rangle_t = \int_0^\tau A(t)^2|\gamma(t)|^2 dt \leq 36T\varepsilon^{2q_2-2}.$$
このことから $\eta_3 = 36T\varepsilon^{2q_2-2}$ とおいて $w \notin B_3$ を使えば $\sup_{t \leq \tau}|Q_t| < \delta_3 = \varepsilon^{q_3}$ が成立するから
$$\int_0^\tau a(t)^2 dt \leq (6+6T)\varepsilon^{q_2-1}+\varepsilon^{q_3} \leq (7+6T)\varepsilon^{q_3}.$$

以上で ε を十分小さくとれば

$$\int_0^\tau (|a(t)|^2 + |u(t)|^2) dt \leqq (7+6T)\varepsilon^{q_3} + \varepsilon^{q_2} < \varepsilon.$$

これは $w \notin N$ を意味するから，$N \subseteq B_1 \cup B_2 \cup B_3$ が示せた．さらに $i = 1, 2, 3$ に対し

$$\left(\delta_i^2/\eta_i\right)^{-1} = O(\varepsilon^\nu).$$

これですべてが示せた． ■

[命題 6.15 の証明]

命題 6.12 から $w_s^{(\alpha)}$ を w_s^α で置き換えた次の式を示せばよい．

(6.80)
$$P^W\left[\inf_{\substack{\sum_{\|\alpha\| \leqq L-1} b_\alpha^2 = 1}} \frac{1}{t^L} \int_0^t \Big(\sum_{\|\alpha\| \leqq L-1} b_\alpha w_s^\alpha\Big)^2 ds \leqq \frac{1}{K}\right] \leqq C \exp(-MK^\mu),$$

$$\forall K > 0, \ \forall t \in (0, 1].$$

また Brown 運動のスケール不変性から $t = 1$ の場合だけ示せばよい．実際

$$\frac{1}{t^L} \int_0^t \Big(\sum_{\|\alpha\| \leqq L-1} b_\alpha w_s^\alpha\Big)^2 ds$$

の分布は

$$\int_0^1 \Big(\sum_{\|\alpha\| \leqq L-1} b_\alpha t^{(\|\alpha\|-L+1)/2} w_t^\alpha\Big)^2 dt$$

に等しく，$t \in (0,1]$ に対して $\sum_{\|\alpha\| \leqq L-1} b_\alpha^2 t^{\|\alpha\|-L+1} \geqq \sum_{\|\alpha\| \leqq L-1} b_\alpha^2$ だから (6.80) の左辺は t に関して非減少である．よって以下においては $t = 1$ の場合を示す．しばらく L は固定して話を進める．(6.80) を示すには，定数 $C = C_L$，$M = M_L$，$\mu = \mu_L > 0$ が存在して $\sum_{\|\alpha\| \leqq L-1} b_\alpha^2 = 1$ を満たす $\{b_\alpha; \|\alpha\| \leqq L-1\}$ に対して

(6.81) $$P^W\left[\int_0^1 \Big(\sum_{\|\alpha\| \leqq L-1} b_\alpha w_t^\alpha\Big)^2 dt \leqq \frac{1}{K}\right] \leqq C \exp(-MK^\mu), \quad K > 0$$

が満たされればよいことを見よう．D を $\|\alpha\| \leqq L-1$ を満たす α の個数，$S^{D-1} = \{b \in \mathbb{R}^D; |b| = 1\}$ を $D-1$ 次元単位球面とする．任意の $K > 0$ に対し

S^{D-1} の有限個の点集合 $\Sigma(K)$ で $S^{D-1} \subseteq \bigcup_{c \in \Sigma(K)} B(c, 1/K)$ を満たすものがとれる. ここに $B(x, r)$ で中心 x, 半径 r の閉球を表わした. 特に, $\Sigma(K)$ の個数が問題で, L にのみ関係する定数 A が存在して $\Sigma(K)$ の個数が AK^D で押えられることはよく知られている. したがって

$$\inf_{\{b_\alpha\} \in S^{D-1}} \int_0^1 \Big(\sum_{\|\alpha\| \leq L-1} b_\alpha w_t^\alpha\Big)^2 dt$$
$$\geq \frac{1}{2} \inf_{\{c_\alpha\} \in \Sigma(K)} \int_0^1 \Big(\sum_{\|\alpha\| \leq L-1} c_\alpha w_t^\alpha\Big)^2 dt - \frac{1}{K^2} \int_0^1 \sum_{\|\alpha\| \leq L-1} |w_t^\alpha|^2 dt.$$

よって

$$P^W\Big[\inf_{\{b_\alpha\} \in S^{D-1}} \int_0^1 \Big(\sum_{\|\alpha\| \leq L-1} b_\alpha w_t^\alpha\Big)^2 dt \leq \frac{1}{K}\Big]$$
$$\leq P^W\Big[\inf_{\{b_\alpha\} \in S^{D-1}} \int_0^1 \Big(\sum_{\|\alpha\| \leq L-1} b_\alpha w_t^\alpha\Big)^2 dt \leq \frac{1}{K}, \sum_{\|\alpha\| \leq L-1} \int_0^1 |w_t^\alpha|^2 dt \leq K\Big]$$
$$+ P^W\Big[\sum_{\|\alpha\| \leq L-1} \int_0^1 |w_t^\alpha|^2 dt \geq K\Big]$$
$$\leq P^W\Big[\inf_{\{c_\alpha\} \in \Sigma(K)} \int_0^1 \Big(\sum_{\|\alpha\| \leq L-1} c_\alpha w_t^\alpha\Big)^2 dt \leq \frac{4}{K}\Big]$$
$$+ P^W\Big[\sup_{0 \leq t \leq 1} \sum_{\|\alpha\| \leq L-1} |w_t^\alpha|^2 \geq K\Big]$$
$$\leq AK^D \sup_{\{c_\alpha\} \in \Sigma(K)} P^W\Big[\int_0^1 \Big(\sum_{\|\alpha\| \leq L-1} c_\alpha w_t^\alpha\Big)^2 dt \leq \frac{4}{K}\Big]$$
$$+ D \max_{\|\alpha\| \leq L-1} P^W\Big[\sup_{0 \leq t \leq 1} |w_t^\alpha|^2 \geq \frac{K}{D}\Big].$$

ここで命題 6.13 から定数 $B = B_L$ と $G = G_L$ がとれて

$$(6.82) \quad \max_{\alpha: \|\alpha\| \leq L-1} P^W\Big[\sup_{0 \leq t \leq 1} |w_t^\alpha|^2 \geq \frac{K}{D}\Big] \leq Be^{-GK^{1/(L-1)}}$$

が満たされるようにとれる. したがって(6.81)が成り立てば

$$P^W\Big[\inf_{\{b_\alpha\} \in S^{D-1}} \int_0^1 \Big(\sum_{\|\alpha\| \leq L-1} b_\alpha w_t^\alpha\Big)^2 dt \leq \frac{1}{K}\Big]$$

$$\leq CAK^D \exp(-M(K/4)^\mu) + DBe^{-GK^{1/(L-1)}}.$$

これで(6.81)から命題 6.15 が従うことが示せた.

(6.81)は K が大きなときに成立すればよいから以下 $K \geqq 1$ とする. さて(6.81)の証明の前に, L に対して定数 $B = B_L, \nu = \nu_L, M = M_L$ が存在して

$$(6.83) \quad P^W\Big[\int_0^1 \Big(\sum_{\|\boldsymbol{\alpha}\| \leq L-1} b_\alpha w_t^\alpha\Big)^2 dt \leq \frac{1}{K}\Big] \leq B \exp\Big\{-\frac{M}{(1-b_\varnothing^2)^\nu}\Big\}$$

が $K \geqq 16$ および $\sum_{\|\boldsymbol{\alpha}\| \leq L-1} b_\alpha^2 = 1$ を満たす $\{b_\alpha; \|\boldsymbol{\alpha}\| \leq L-1\} \subset \mathbb{R}^D$ に対して成立することをまず示しておく必要がある.

$$\Big\{\int_0^1 \Big(\sum_{\|\boldsymbol{\alpha}\| \leq L-1} b_\alpha w_t^\alpha\Big)^2 dt\Big\}^{1/2} \geq |b_\varnothing| - \Big\{\int_0^1 \Big(\sum_{1 \leq \|\boldsymbol{\alpha}\| \leq L-1} b_\alpha w_t^\alpha\Big)^2 dt\Big\}^{1/2}$$

$$\geq |b_\varnothing| - (1-b_\varnothing^2)^{1/2} \sup_{0 \leq t \leq 1} \Big(\sum_{1 \leq \|\boldsymbol{\alpha}\| \leq L-1} |w_t^\alpha|^2\Big)^{1/2}.$$

$(\because \text{Schwarz の不等式})$

ここで $|b_\varnothing| \geqq 1/2$ の場合を考えれば, $K \geqq 16$ のとき

$$P^W\Big[\int_0^1 \Big(\sum_{\|\boldsymbol{\alpha}\| \leq L-1} b_\alpha w_t^\alpha\Big)^2 dt \leq \frac{1}{K}\Big]$$
$$\leq P^W\Big[\sup_{0 \leq t \leq 1} \sum_{1 \leq \|\boldsymbol{\alpha}\| \leq L-1} |w_t^\alpha|^2 \geq 1/16(1-b_\varnothing^2)\Big].$$

ここで(6.82)から定数 B, ν を適当にとれば $|b_\varnothing| \geqq 1/2, K \geqq 16$ のとき(6.83)が成立する. さらに適当に定数 B を取り替えることにより, $|b_\varnothing| \geqq 1/2$ という制約は除くことができる.

さて最後に, (6.81)を L に関する帰納法で示していく. L までは成立しているとして, $L+1$ のときを示そう. $\{b_\alpha; \|\boldsymbol{\alpha}\| \leq L\}$ を $\sum_{\|\boldsymbol{\alpha}\| \leq L} b_\alpha^2 = 1$ を満たすものとする. ここで

$$\xi(t) = \sum_{\|\boldsymbol{\alpha}\| \leq L} b_\alpha w_t^\alpha,$$
$$\xi_k(t) = \sum_{\substack{1 \leq \|\boldsymbol{\alpha}\| \leq L \\ \alpha_* = k}} b_\alpha w_t^{\alpha-}, \quad 0 \leq k \leq d,$$

$$\xi_{0,k}(t) = \sum_{\substack{\|\alpha\| \leq L, |\alpha| \geq 2 \\ \alpha_* = 0, (\alpha-)_* = k}} b_\alpha w_t^{\alpha--}, \quad 0 \leq k \leq d$$

とおき,さらに

$$\beta(t) = \begin{pmatrix} \xi_1(t) \\ \vdots \\ \xi_d(t) \end{pmatrix}, \quad \tilde{\beta}(t) = \begin{pmatrix} \xi_{0,1}(t) \\ \vdots \\ \xi_{0,d}(t) \end{pmatrix},$$

$$\gamma(t) = \xi_0(t), \quad \tilde{\gamma}(t) = \xi_{0,0}(t)$$

と定義する.このとき

$$\xi(t) = \xi_0 + \sum_{\alpha=1}^d \int_0^t \beta_\alpha(s) dw_s^\alpha + \int_0^t \gamma(s) ds,$$

$$\gamma(t) = \gamma_0 + \sum_{\alpha=1}^d \int_0^t \tilde{\beta}_\alpha(s) dw_s^\alpha + \int_0^t \tilde{\gamma}(s) ds$$

が成り立つ.ただし

$$\xi_0 = b_\emptyset$$

$$\gamma_0 = \begin{cases} b_0 & L \geq 3 \text{ のとき,} \\ 0 & L = 2 \text{ のとき} \end{cases}$$

である.$K \geq 16$ ととっておく.もし $1-b_\emptyset^2 \leq 1/K^{1/2}$ ならば(6.83)から

$$P^W \Big[\int_0^1 \Big(\sum_{\|\alpha\| \leq L} b_\alpha w_t^\alpha \Big)^2 dt \leq \frac{1}{K} \Big] \leq B_{L+1} \exp(-K^{\nu_{L+1}/2})$$

となるからこの場合はよい.そこで $1-b_\emptyset^2 \geq 1/K^{1/2}$ の場合を考えよう.次のような事象を定義しておく.

$$E_1 = \Big\{ \int_0^1 \xi^2(t) dt \leq \frac{1}{K^{40}}, \int_0^1 (|\beta(t)|^2 + |\gamma(t)|^2) dt \geq \frac{1}{K},$$

$$\sup_{0 \leq t \leq 1} |\beta(t)| \vee |\tilde{\beta}(t)| \vee |\gamma(t)| \vee |\tilde{\gamma}(t)| \leq K \Big\},$$

$$E_2 = \Big\{ \sup_{0 \leq t \leq 1} |\beta(t)| \vee |\tilde{\beta}(t)| \vee |\gamma(t)| \vee |\tilde{\gamma}(t)| \geq K \Big\},$$

$$E_3 = \Big\{ \int_0^1 (|\beta(t)|^2 + |\gamma(t)|^2) dt < \frac{1}{K} \Big\}.$$

まず E_1 は命題 6.17 から
$$P^W[E_1] \leqq C \exp(-MK^2).$$
E_2 に関しては (6.82) から定数 B, G, ν がとれて
$$P^W[E_2] \leqq B \exp(-GK^\nu)$$
とできる. E_3 に関しては $\rho = 1 - b_\varnothing^2$ とおく. 場合分けから $\rho \geqq 1/K^{1/2}$ で
$$\sum_{k=0}^{d} \sum_{\substack{1 \leqq \|\alpha\| \leqq L \\ \alpha_* = k}} b_\alpha^2 = \rho$$
が成り立っている. これからある $k_0 \in \{0, 1, \cdots, d\}$ が存在し
$$N_{k_0} := \sum_{\substack{1 \leqq \|\alpha\| \leqq L \\ \alpha_* = k_0}} b_\alpha^2 \geqq \rho/(d+1) \geqq 1/(d+1)K^{1/2}.$$
ここで $|\beta(t)|^2 + |\gamma(t)|^2 \geqq \xi_{k_0}^2(t)$ に注意して
$$P^W[E_3] \leqq P^W\Big[\int_0^1 \xi_{k_0}^2(t) dt \leqq \frac{1}{K}\Big].$$
これと同時に, 帰納法の仮定から
$$P^W\Big[\int_0^1 \xi_{k_0}^2(t) dt \leqq \frac{1}{K}\Big] = P^W\Big[\frac{1}{N_{k_0}} \int_0^1 \xi_{k_0}^2(t) dt \leqq \frac{1}{N_{k_0}K}\Big]$$
$$\leqq C_L \exp\{-M_L(N_{k_0}K)^{\mu_L}\}$$
$$\leqq C_L \exp\{-M_L K^{\mu_L/2}/(d+1)^{\mu_L}\}.$$
よって, E_3 に対しても同様の評価を得ることができた.
$$P^W\Big[\int_0^1 \Big(\sum_{\|\alpha\| \leqq L} b_\alpha w_t^\alpha\Big)^2 dt \leqq \frac{1}{K^{40}}\Big] \leqq P^W[E_1] + P^W[E_2] + P^W[E_3]$$
だから $L+1$ の場合も (6.81) が示せたことになる. ∎

《要約》

6.1 確率微分方程式の解の Malliavin の意味での微分可能性とノルムの評価.

6.2 解から定まる Malliavin 共分散行列の表示.

6.3 Hörmander 条件の下での Malliavin 共分散行列の非退化性. 最終的に基本解の滑らかさの証明.

今後の方向と課題

本書では Malliavin 解析の基本的な部分だけを述べた．本書で述べることはできなかったが，重要なことを補足的に述べ，あわせて今後の方向の展望を試みたい．

Sobolev 空間と超関数
本文で Wiener 空間の Sobolev 空間について述べたがこれは補間理論の観点からすれば，複素補間である．それ以外にも実補間による定義も可能である．本書で扱ったのは準楕円性の問題なので，確率微分方程式はすべて C^∞ の範疇で話を進め，無限回の微分可能性を仮定した．微分可能性をもっと落とせないかということも当然考えられる．このような場合には，実補間の方が有効なのである．あるいはまた Brown 運動の局所時間などは確率論的には興味ある対象であるが，微分可能性はずっと悪くなる．こうした十分な微分可能性を持たない汎関数を扱う場合は実補間的な方法がしばしばとられてきている（[32]参照）．また分布の絶対連続性に限らず，補間理論を援用することは（実にしろ複素にしろ）有効なのではないかと考えられる．粗い評価だけでいいのならば，どうやってもいいと言うことができるが，ぎりぎりの評価を出そうとすると，精細な実解析的手法が必須であるし，またそういったところに解析の面白さもあるわけである．それから分布の絶対連続性に関しては平方場作用素によるアプローチも可能であることを注意しておこう．これは Bouleau–Hirsch [4]によってなされている．

さて Sobolev 空間に対して，双対空間を考えれば超関数が自然に定義できる．定義は本文で与えたし，そのこと自体は自明なことであるが，この枠組みで Malliavin の分布の滑らかさの証明を別の形で定式化することができる．それは渡辺信三による超関数と非退化な Wiener 汎関数との合成理論である．

$T \in \mathcal{S}'(\mathbb{R}^n)$ を $\mathbb{R}^n$ 上の緩増加な超関数,F を Malliavin の意味で滑らかで非退化な Wiener 汎関数とするとき,合成 $T \circ F$ が Wiener 空間上の超関数として実現できる(例えば[30]を見よ).この理論を用いれば,F の分布の密度関数 $p(x)$ は $p(x) = \langle \delta_x \circ F, 1 \rangle$ と具体的に表現できる.ここに δ_x は x における Dirac 測度である.さらに $p(x)$ の連続性や微分可能性は,超関数との合成の連続性や微分可能性に帰着される.

漸近展開

上で述べた超関数との合成の理論は柔軟性を持ち,ε をパラメータとして持つ Wiener 汎関数の族 $F(\varepsilon)$ を
$$F(\varepsilon) = F_0 + \varepsilon F_1 + \varepsilon^2 F_2 + \cdots$$
と ε について漸近展開するとき,超関数 $\delta_x(F(\varepsilon))$ を漸近展開することができる.実際,形式的な Taylor 展開を厳密に意味付けすることができる.$F(\varepsilon)$ が確率微分方程式の解であれば,これは基本解の漸近展開を与える.渡辺の理論の優れた点は,このように直観に沿った形で見通しよく計算が進んでいくところにある.基本解の漸近展開の最も顕著な応用は Atiyah–Singer の指数定理の確率論的証明であった.指数定理への Malliavin 解析の応用は J.-M. Bismut [2], [3]によって始められたが,その証明は渡辺の理論によって簡明なものとなった.Malliavin 解析の一つの頂点をなす成果であった.

基本解の漸近展開に対しても様々な一般化,精密化が確率解析によってなされている.コンパクト Riemann 多様体上の熱方程式
$$\frac{\partial}{\partial t} u = \frac{1}{2} \triangle u$$
の基本解 $p(t, x, y)$ に対して
$$-2 \lim_{t \to 0} t \log p(t, x, y) = d(x, y)^2$$
が成立することはよく知られている(d は 2 点間の距離).本書では多様体上の確率微分方程式は扱わなかったが,Stratonovich 対称確率積分を用いれば定式化することができる.こうした多様体上での確率微分方程式の理論を援用すれば上の定理に確率論的な証明を与えることができるし,さらに次のオ

ーダーを求めたり,生成作用素が退化した場合にどう変わっていくか,また境界がある場合はどうかなど,様々な一般化がなされており([12], [8]など),現在でも研究が進められている分野である.特にこの分野では大偏差理論との融合が指導原理となっている.

Schrödinger 作用素

上で述べたのは退化した楕円型の作用素である.確率解析では他のタイプの作用素も扱うことができる.その中でも次の形の Schrödinger 作用素 H は応用上も重要である.

$$H = \frac{1}{2}\sum_{i=1}^{d}(\sqrt{-1}\,\partial_i + a_i(x))^2 + V(x).$$

このとき半群 e^{-tH} の核 $q(t,x,y)$ は

(1) $\quad E\Big[\exp\Big\{\sqrt{-1}\sum_{i=1}^{d}\int_0^t a_i(w_s+x)\circ dw_s^i - \int_0^t V(w(s))ds\Big\}\delta_y(w_t)\Big]$

と表わされ,この表示を基に解析を進めることができる.量子力学との関連からいえば,Schrödinger 方程式の解はユニタリー群 $e^{-\sqrt{-1}tH}$ によって記述されるのであるが,H のスペクトルの構造などは半群 e^{-tH} を用いても解析できる.実際固有値の漸近分布などはトレース $\int q(t,x,x)dx$ の $t\to 0$ のときの漸近挙動を調べることによって知ることができる.また最小固有値は $q(t,x,y)$ の $t\to\infty$ のときの挙動と密接に結びついており,半群 e^{-tH} を調べることにより様々の固有値に関する情報を得ることができる.$V=0$ のときはその形から確率振動積分といわれている.$(a_1,\cdots,a_d)$ はベクトルポテンシャルと呼ばれ,磁場の作用を表わしている.振動の効果をうまく取り出さなければならないのでスカフーの場合に比べてやや難しくなる.$\mathbb{R}^2$ で $(a_1(x),a_2(x))=(-x^2,x^1)$ のとき定数磁場に対応し,(1)に現れる確率積分は

$$S(t) = \int_0^t \{w_s^1 dw_s^2 - w_s^2 dw_s^1\}$$

となる.この汎関数は Lévy の確率面積と呼ばれ,この場合は $q(t,x,y)$ の具体的な形がわかっている.その他にも a,V が2次の場合はかなり具体的に

計算できる場合が多いが,一般の場合はなんらかの漸近的な方法をとらなければならなくなり,確率解析の手法が効果を発揮することになる.解説は[19]などを読まれるとよい.また,上の確率面積は指数定理の証明の場合にも本質的な役割を果たすことを注意しておく.

道の空間とループ空間

超関数と関連して杉田洋[27]によって示された正の超関数が測度になることも重要な事実である.確率論で基本的な概念である条件付確率が,測度$\delta_x(F)$による積分として定式化できる.ただし$\delta_x(F)$はWiener測度に対して絶対連続ではないので,Wiener測度0を除いて定義されているWiener汎関数では意味を失う.そこで容量(capacity)の概念が有用となる.Sobolev空間$W^{r,p}$に対応して,(r,p)-容量が定義される.r,pが大きいほどより小さな集合をとらえることができる.実際r,pを十分大きくとれば,(r,p)-容量0の集合は測度$\delta_x(F)$においても0となり,意味づけが可能となる.特にxを確率微分方程式の出発点にとれば,ループの空間に測度を与えることができる.

条件付測度がMalliavin解析の枠組みで定式化できることは単に従来の形式的な表現を数学的に厳密化しただけでなく,ループ空間上での解析の手段を提供した点でその意味は大きい.Malliavin解析は準楕円性への確率論的なアプローチとして出発した.道具は無限次元的だが,対象は依然有限次元であった.しかしここにきて,対象自体を無限次元にする道が拓けてきている.近年Dirichlet形式による無限次元空間上でのMarkov過程の解析が進んできたことともあいまって,道の空間やループの空間が興味ある研究対象として盛んに議論されるようになった.例えば有限次元のHodge–小平理論をループ空間で実現できないかということは興味ある問題である.Wiener空間の場合はすでに確立されているのだが,空間そのものが平坦なのだから幾何学的対象として興味が薄い.もう少し多様体らしいループ空間を考えることは自然な成行きであろう.しかしながらループ空間ではHodge–小平理論は未だ完成していない.これは今後の課題として残されいる.現在はスペ

クトルギャップや対数 Sobolev 不等式が多様体の道の空間で成立することが示されてはいるが，まだまだ未解明な部分が多く将来に多くの問題を提供している．最近の話題は[1]に述べられている．

参考文献

関連する文献は多いので，本書と関連の深いものに限る．[18, 23, 9]等の文献表が詳しいのでそちらを参照のこと．

[1] 会田茂樹, ループ空間上の確率解析, 数学, **50**(1998), 265–281.

[2] Bismut, J.-M., The Atiyah-Singer theorems, A probabilistic approach. I. The index theorem, *J. Funct. Anal.*, **57**(1984), 56–99.

[3] Bismut, J.-M., The Atiyah-Singer theorems, A probabilistic approach. II. The Lefschetz fixed point formulas, *J. Funct. Anal.*, **57**(1984), 329–348.

[4] Bouleau, N. and Hirsch, F., *Dirichlet forms and analysis on Wiener space*, Walter de Gruyter, 1991.

[5] 舟木直久, 確率微分方程式, 岩波書店, 2005.

[6] Gross, L., Abstract Wiener spaces, *Proceedings of fifth Berkeley Symp. Math. Statist. Prob. II, Part 1*, 31–41, Univ. Calif. Press, Berkeley, 1965.

[7] Gross, L., Logarithmic Sobolev inequalities, *Amer. J. Math.*, **97**(1975), 1061–1083.

[8] Ikeda, N. and Kusuoka, S., Short time asymptotics for fundamental solutions of heat equations with boundary conditions, in "*New Trends in Stochastic Analysis*," Proceedings of the Taniguchi International Symposium, pp. 182–219, ed. by K. Elworthy, S. Kusuoka and I. Shigekawa, World Scientific, Singapore, 1997.

[9] Ikeda, N. and Watanabe, S., *Stochastic differential equations and diffusion processes*, 2nd ed., Kodansha/North-Holland, 1989.

[10] 楠岡成雄, Malliavin calculus とその応用, 数学, **36**(1984), 97–109.

[11] 楠岡成雄, 無限次元解析としての確率解析, 数学, **45**(1993), 289–298.

[12] Kusuoka, S. and Stroock, D. W., Precise asymptotics of certain Wiener functional, *J. Funct. Anal.*, **99**(1991), 1–74.

[13] Kusuoka, S. and Stroock, D. W., Applications of the Malliavin calcu-

lus, Part I, *Proceedings of the Taniguchi Intern. Symp. on Stochastic Analysis*, Kyoto and Katata, 1982, edited by K. Itô, Kinokuniya, 1984.

[14] Kusuoka, S. and Stroock, D. W., Applications of the Malliavin calculus, Part II, *J. Fac. Sci. Univ. Tokyo Sec. IA Math.*, **32**(1985), 1–76.

[15] Kusuoka, S. and Stroock, D. W., Applications of the Malliavin calculus, Part III, *J. Fac. Sci. Univ. Tokyo Sec. IA Math.*, **34**(1987), 391–442.

[16] Malliavin, P., Stochastic calculus of variation and hypo-elliptic operators, *Proceedings of Intern. Symp. SDE*, Kyoto, 1976, edited by K. Itô, Kinokuniya, 1978.

[17] Malliavin, P., C^k-hypoellipticity with degeneracy, *Stochastic Analysis*, edited by A. Friedman and M. Pinsky, 199–214, 327–340, Academic Press, 1978.

[18] Malliavin, P., *Stochastic analysis*, Springer-Verlag, 1997.

[19] 松本裕行, 磁場を持つ Schrödinger 作用素に対する固有値の漸近分布, 数学, **44**(1992), 320–329.

[20] Meyer, P. A., Notes sur les processus d'Ornstein-Uhlenbeck, *Séminaire de Prob.*, XVI, ed. by J. Azema et M. Yor, Lecture Notes in Math., **920**(1982), 95–133, Springer-Verlag.

[21] Meyer, P. A., Quelques résultats analytiques sur le sémigroupe de d'Ornstein-Uhlenbeck en dimension infinie, *Theory and application of random fields*, Proceedings of IFIP-WG 7/1 Working conf. at Bangalore, ed. by G. Kallianpur, Lecture Notes in Cont. and Inform. Sci., **49**(1983), 201–214, Springer-Verlag.

[22] Meyer, P. A., Transformations de Riesz pour les lois gaussiennes, *Séminaire de Prob.*, XVIII, ed. by J. Azema et M. Yor, Lecture Notes in Math., **1059**(1984), 179–193, Springer-Verlag.

[23] Nualart, D., *The Malliavin calculus and related topics*, Springer-Verlag, 1995.

[24] Shigekawa, I., Derivatives of Wiener functionals and absolute continuity of induced measures, *J. Math. Kyoto Univ.*, **20**(1980), 263–289.

[25] Stroock, D. W., The Malliavin calculus and its applications to second order parabolic differential operators, I, II, *Math. System Theory*, **14**(1981),

25–65, 141–171.

[26] Stroock, D.W., The Malliavin calculus, functional analytic approach, *J. Func. Anal.*, **44**(1981), 217–257.

[27] Sugita, H., Positive generalized Wiener functions and potential theory over abstract Wiener spaces, *Osaka J. Math.*, **25**(1988), 665–696.

[28] Üstünel, A.S., *An introduction to analysis on Wiener space*, Springer-Verlag, 1995.

[29] Watanabe, S., Malliavin's calculus in terms of generalized Wiener functionals, *Theory and application of random fields*, Proceedings of IFIP-WG 7/1 Working conf. at Bangalore, edited by G. Kallianpur, Lecture Notes in Cont. and Inform. Sci., **49**(1983), 284–290, Springer-Verlag.

[30] Watanabe, S., *Lectures on stochastic differential equations and Malliavin calculus*, Tata Institute of Fundamental Research, Springer-Verlag, 1984.

[31] Watanabe, S., Analysis of Wiener functionals (Malliavin calculus) and its applications to heat kernels, *Annals of Prob.*, **15**(1987), 1–39.

[32] Watanabe, S., Fractional order Sobolev spaces on Wiener space, *Probab. Theory Relat. Fields*, **95**(1993), 175–198.

[33] 渡辺信三, 確率解析とその応用, 数学, **42**(1990), 97–110.

欧文索引

Brownian motion　　1
Fréchet derivative　　28
Gâteaux derivative　　28
H-derivative　　29
hitting time　　67
hypercontractivity　　33
invariant measure　　26
local martingale　　4
logarithmic Sobolev inequality　　36
multiplier　　42

stochastic integral　　3
submartingale　　56
subordination　　41
trace class　　29
transition probability　　23
Wick product　　18
Wiener chaos　　16
Wiener integral　　6
Wiener process　　1
Wiener space　　2

和文索引

Brown 運動　　1, 24
Burkholder の不等式　　52
Cameron–Martin 空間　　6
Cauchy 半群　　42
Chapman–Kolmogorov の関係式　　23
Fernique の定理　　11
Fourier–Hermite 多項式　　16
Fréchet 微分　　28
$(\mathcal{F}_t)$-適合　　3
Gâteaux 微分　　28
Gauss 過程　　5
Gauss 測度　　5
Gauss 分布　　2
H-微分　　29
　k 階——　　29
Hilbert–Schmidt クラス　　17
Hilbert–Schmidt 内積　　17

Itô–Wiener 展開　　16
Littlewood–Paley–Stein の不等式　　62
Malliavin の共分散行列　　118
Meyer の同値性　　89
Ornstein–Uhlenbeck 過程　　24
Ornstein–Uhlenbeck 作用素　　28
Picard の逐次近似法　　132
Poisson 半群　　42
Schrödinger 作用素　　183
Sobolev 空間　　95, 181
Sobolev の不等式　　111
Stratonovich 対称確率積分　　145
Wick 積　　18
Wiener 過程　　1
Wiener 空間　　2
Wiener 積分　　6, 8
Wiener 測度　　2

ア行

位相的 σ-加法族　5
一様楕円性　150
一般 Wiener 汎関数　101
伊藤の公式　4

カ行

核　18
核型　29
核表現　17
確率積分　2, 3
確率微分方程式　132
基本解　148
強連続縮小半群　27
局所 2 乗可積分連続マルチンゲール　3
局所マルチンゲール　4

サ行

再生核 Hilbert 空間　8
作用素ノルム　42
従属操作　41
乗法作用素　42
推移確率　23
生成作用素　147
漸近展開　182
双対作用素　103

タ行

対称　17
対称化　17
対数 Sobolev 不等式　36

抽象 Wiener 空間　7
超関数　181
超縮小性　33
重複 Wiener 積分　16
定常増分性　2
到達時刻　67
独立増分性　2

ナ行

熱核　148

ハ行

半マルチンゲール　4
非退化
　Hörmander の意味で——　167
　Malliavin の意味で——　118
標準的な実現　2
部分積分　104
部分積分の公式　121
不変測度　26

マ行

道　1
道の空間　184
モーメント不等式　96

ラ行

ループ空間　184
レゾルベント　43
劣マルチンゲール　56
連続性　1
連続マルチンゲール　3

■岩波オンデマンドブックス■

確率解析

```
2008 年 5 月 8 日   第 1 刷発行
2009 年 9 月 4 日   第 2 刷発行
2017 年 10 月 11 日  オンデマンド版発行
```

著 者　重川一郎（しげかわいちろう）

発行者　岡本　厚

発行所　株式会社　岩波書店
　　　　〒101-8002　東京都千代田区一ツ橋2-5-5
　　　　電話案内　03-5210-4000
　　　　http://www.iwanami.co.jp/

印刷／製本・法令印刷

Ⓒ Ichiro Shigekawa 2017
ISBN 978-4-00-730680-8　　Printed in Japan